一位兼职主妇的生活哲学

菲然◎著

中国城市出版社
·北京·

图书在版编目（CIP）数据

一位兼职主妇的生活哲学 / 菲然著 . —北京：中国城市出版社，2013.12

ISBN 978-7-5074-2895-7

Ⅰ . ①一…　Ⅱ . ①菲…　Ⅲ . ①女性—成功心理—通俗读物　Ⅳ . ①B848.4-49

中国版本图书馆 CIP 数据核字（2013）第 291012 号

责 任 编 辑　孙湛波　左文静
装 帧 设 计　美信书装
责任技术编辑　张建军
出 版 发 行　中国城市出版社
地　　　　址　北京市西城区广安门南街甲 30 号（邮编　100053）
网　　　　址　www.citypress.cn
发 行 部 电 话　(010) 63454857　63289949
发 行 部 传 真　(010) 63421417　63400635
总 编 室 电 话　(010) 68171928
总 编 室 信 箱　citypress@sina.com
经　　　　销　新华书店
印　　　　刷　北京中科印刷有限公司
字　　　　数　150 千字　　印张　14.5
开　　　　本　720 × 970（毫米）　1/16
版　　　　次　2014 年 2 月第 1 版
印　　　　次　2014 年 2 月第 1 次印刷
定　　　　价　28.00 元

自序

在朋友面前，我一直都快乐地宣称自己是兼职主妇，因为我要兼顾我热爱的工作和我温暖的家庭。以前，工作出色是最令我骄傲的事情；现在，步入婚姻殿堂之后，又多了一项令我热衷的事情——照顾家庭。

以前，我总是把所有精力都投注于工作，因为我认为作为一个女人，有一份稳定的工作不仅能保持经济的独立，在工作中还能锻炼一个人的生存能力、交际能力等。那时的我生活十分简单，唯一的想法就是如何将工作推向巅峰。我相信一个人只要努力和坚持，结果就不会太差，女人一样也可以在工作中获得惊喜和成就。

现在，每天结束了紧张的工作后，回到家中，要打扫屋子、做饭、照顾孩子……此时，我才真正发现生活的琐碎。而且，有些事情说起来很简单，但实际操作起来却很麻烦，特别是日复一日地去做。

凡事都有利弊，兼职主妇的生活虽然有时候让我感到手足无措，但也正是从一些琐碎的小事中，我发现了很多做人做事的大道理，而我正是将这些大道理应用到我的生活中，我的生活才变得游刃有余。这些经历同样使我变得成熟和成功。

比如，当我在收拾房间的时候，我发现房间收拾完了，家里显得格外的清爽。其实，收拾家务就如同收拾自己的心情一样，由复杂变得简单，由烦乱变得安静。生活需要不断地归纳整理，否则就会乱成一团麻；心情也容易“藏污纳垢”，需要不断地自省与总结，否则就会成为打不开的结。每一次整理房间，都会使我的心境变得敞亮、简单、通透。

比如，当我熬粥的时候，我发现如果火候不够，熬出的味道就不够香甜。其实，生活中很多的事都需要时间去堆积。就像婚姻，感情慢慢升温才会长久。

比如，当我清洗厨房重油区的时候，我发现平时勤于清洗的地方只要稍加打理就会很干净，而平时偷懒没清洗的地方积聚厚厚的一层油就很难洗掉。生活中的事不也是如此吗？事越积越多，越多越懒得去做，懒惰和拖延只会让问题越来越糟糕。

比如……

这些都是我从主妇的日常生活中发现的生活哲理。

现代社会给女性的压力很大，我相信很多的女人都跟我一样，既要把工作做得出色，又要把家庭经营得和谐。不要认为“哲理”这件事情，是哲学家才会思考出来的东西。其实，每一个平凡的人都有自己生活的“哲理”。也不要以为兼职主妇就是“头发长，见识短”的一类女性。其实，她们在工作上具有高素质、高能力，在家庭生活中又能把锅碗瓢盆舞动得有声有色。她们接触的事情中虽然以鸡毛蒜皮的小事居多，但有时候她们又是最睿智的哲人，因为生活中的智慧无处不在，而她们却能由小见大。

从兼职主妇的视点，我写下了若干生活感悟，希望能带给你更多的思考。

目录

Part 5 “狠狠”地对自己好一点

Part 6 享受健康恬淡的日子

Part 1

细心体会生活中的欢愉

在紧张纷繁的夹缝中，除了快节奏生活，我们看似别无选择。很多人忘记了生活的快乐本质，似乎人生就是追求工作的高效率和高回报。请记住，在闲暇之余，在不起眼的家庭生活中，你会发现很多生活的欢愉。

鲜花能触动我们的快乐情绪

买完菜，我到菜市场附近的杂货店买日用品，付账的时候，看店的小男孩没有零钱找，就从身边一束康乃馨中抽出来一枝送给我说："阿姨，今天是母亲节，我送您一枝花吧！"

拿起花的那一刻，突然意识到，自己已经很久没有收到花了！很香！一枝花虽不是什么贵重礼品，却给我带来了意外的喜悦！回到家，我从箱底翻出一只浅绿色釉质雕花花瓶，将花插上，放于茶几上，顿时感觉整个房间都增色了不少。这只花瓶是结婚的时候买的，现在每天匆匆忙忙，竟然无暇顾及，让它闲置了好久。

我是喜欢鲜花的。浪漫的玫瑰、温馨的康乃馨、高贵的百合、神秘的雏菊……只是这几年忙于工作，它们不知不觉被购物袋中的韭菜花、南瓜花、黄花菜所取代。蔬菜是为了契合生活的需要，能填饱肚子，但与心情无关，而鲜花恰恰弥补了这一空缺。生活中有花做伴是一件很开心的事。

鲜花影响人的情绪，这是有科学依据的。经常闻花香的人，能对情绪和健康产生一定的影响。专家给出的解释是：花儿散发出的香味是由数十种挥发性化合物组成，含有芳香族的酯类、醇类、醛类、酮类等物质。这些物质能够刺激人们的呼吸中枢，从而促进人体的呼吸功能，若呼吸到对人体有益的香味，则能使大脑得到充分的氧气，调节人的神经系统，促进血液循环，让精力、思维和机体活力达到极高的水平。因此，生活中就有了"花疗"

和“香薰疗法”。

回想那些悠闲的日子，我的生活中处处是鲜花。休息的时候，如果看到茶几上的“一帆风顺”（白鹤芋），就会感到平淡生活变得色彩缤纷。吃饭的时候，看到餐桌上的“仙客来”，味觉会一下子调动起来，开心地享受眼前的美食，享受食物带给我的生命力。

跟先生谈恋爱的时候，我把鲜花运用到极致。有时候天色很晚，但是又不想让过分明亮的灯光破坏浪漫气氛，我就会在客厅点上一支蜡烛，再插上一束粉色玫瑰，茶几上撒一些买花时赠送的碎花瓣，温馨舒适的氛围马上就有了！

一个人独处的时候也是如此浪漫。在客厅收拾好的桌子上，任意摆放几本经常翻阅的书，一只水杯也行。然后，在花瓶内插上少许风信子，温馨的感觉一下子就涌上来了。坐在一小束自由发散的鲜花面前，一个人静下心来阅读，享受美好的时光。

生命在于感受，生活需要打理。我们不可以凑合地度过每一个时刻，为什么不努力把生活的环境变得优雅、舒适一些呢！

我喜欢鲜花，喜欢音乐，喜欢瑜伽，喜欢游泳，喜欢散步……只要心中对生活有爱，日子永远都会是快乐的！其实，美丽的心情是由我们的审美和聪慧的内心衍生而出的，听一段喜爱的音乐，读一本爱不释手的书，欣赏一幅精美的画作，制作一款小点心……好心情便会油然而生。

我告诉自己，可以接受平淡的生活，但是不能接受死板的生活。即使简简单单的生活，也可以加入些小情调，不需要过多的物质，只要一束鲜花就能过得有滋有味。

说到底，生活还是一种追求，追求情调和浪漫。这也就不难理解，为什么在繁华的大都市里，在钢筋水泥混凝土建成的高楼

一个人独处的时候也是如此浪漫。在客厅收拾好的桌子上，任意摆放几本经常翻阅的书，一只水杯也行。然后，在花瓶内插上少许风信子，温馨的感觉一下子就涌上来了。

阳台上，有人总喜欢种些绿色植物陶冶性情；在横亘不变的家具桌椅上，会生活的人总要挤出空间，摆上几盆植物缓解生活的压力。

生活的情趣就是在这一点一滴中积累形成的，生活的色彩也在这绿叶鲜花的映衬下鲜艳起来。如果感觉生活太烦琐、太单调，不妨来点鲜花吧！

在悠扬的音乐中完成家事

做家务一直是我不太擅长的事情，它烦琐而又不得不做。一个周末，我一边擦客厅的桌子，一边嘟着嘴向先生表示愤愤不平。哪知他朝我做个鬼脸后，手指轻按音响，班得瑞的轻音乐随即从小音箱里缓缓流淌而出。清脆的鸟鸣，潺潺的流水，轻缓的节奏……我的耳朵被吸引了，我的心灵被吸引了。

跟随班得瑞的音乐，可以看到蓝蓝的天空，悠悠的山峰，清丽的野花，柔嫩的小草。能让人从拥挤不堪的凡俗事务里释放出来，从苦闷烦躁的糟糕心境里逃离出来。是啊，手脚在劳动，耳朵不是闲着吗？为什么不边工作边享受呢？

从那次起，每个“家庭整理日”我都会打开音响，在优美的旋律中将那些琐碎的家务事完成得漂漂亮亮的。有时候在优美的轻音乐里做家务就像在跳健身操、在跳舞蹈，身心都十分愉快。我喜欢简单的钢琴曲，它总是能够带给我的灵魂安宁和愉快，我需要这样的心情。

任何时候，只要有音乐的陪伴，心情总能得到放松，特别是被家务困扰的时候。无论是忙或乱，口中随着音乐一起唱，一首歌完了四五分钟也过去了，手中的事也随着时间的流逝而做得八九不离十了。一张专辑播完，地面也干净了，窗户也明亮了，桌面也整洁了，衣服也晾完了。

平时，不见得能够静下心来听音乐，但是，在做家务的时候音乐听起来异常的柔和，令人深思。心情也会随着音乐慢慢地沉淀下来，人也变得更加沉稳、安静。在音乐中，我的思路变得异常的清晰，心胸也变得十分的开阔。

有时候家务事做完了，就干脆躺在沙发上认真地享受音乐。不经意间的一首曲子，就会将我的思绪从谷底拯救上来；不经意的一段旋律，就会勾起我对往事的追忆；不经意的一句歌词，就会使我沉寂在浓浓的情谊之中。

在音乐中，家务不会让我感觉自己变得越来越粗糙，反而让我觉得自己越来越知性，越来越优雅。后来，我发现自己居然迷恋上了周末的家务活儿。我也对自己的这一行为感到很奇怪，有一次跟朋友聊天的时候，朋友给出了答案。

朋友说，有一个很著名的普雷马克原理：可以用高频行为（喜欢的行为）作为低频行为（不喜欢的行为）的有效强化物。朋友还给我举了一个例子：在视唱练耳课上，孩子们想弹一首流行歌曲，因为他们对枯燥、单调的音节练习缺乏热情。当老师领着大家练过几遍之后，有的学生不耐烦了，抗议说："行了，别再练了！"这时，教师说："大家如果能一遍准确地弹好这一小节，我们就弹一首流行歌曲。"同学们齐呼："好，我们练！"这位聪明的老师就是在运用普雷马克原理。

同样的道理：做家务本来是你不喜欢的行为，而听音乐是你喜欢的行为。所以，为了欣赏音乐，你就会心甘情愿地做家务，慢慢地你就习惯了做家务。

朋友继续说："不过你的行为也是挺奇怪的，要是想听音乐就去听吧，竟然为了听音乐而去做家务。"我反驳他说："你不懂，在做家务的时候听音乐与什么都不做在那里听音乐的效果不一样，那种感觉就像是生活和音乐融为一体，让人对生活充满感恩和留恋。"朋友笑笑，表示默认。

当我们常常不得不去做一些我们内心不喜欢或不愿意做的事情时，适当运用普雷马克原理来调节一下自己的心态也是不错的。

不管我们去做让自己感觉快乐的事情还是枯燥的事情，我们都要让自己保持一个平和、快乐的心态。就像在音乐中做家务，连枯燥的事情都会变得很有意义。

伟大的"家庭整理日"

我是爱干净爱整洁的人，不喜欢家里整天乱糟糟的。自从有了孩子，我更注重家庭卫生，几乎每个周末都要进行一次大扫除。孩子渐渐长大，我也经常让孩子帮忙，从小培养他的家庭责任感，以及勤劳的品质。

做家务，最艰巨的任务是厨房，因为炒菜油烟大，油渍较难处理。所以，清洁油渍的工作被分配给了先生。而我和儿子则主要负责房间地面的清洁，以及各种常用物品的擦洗。我让他和我一起清理地面，教他使用一些简单的劳动工具。他虽然经常捣乱，但始终是很快乐的。

做饭刷碗、洗衣拖地和清理垃圾桶是每个家庭都不可避免的。现在两个人上班都很辛苦，回到家中，就应该彼此体谅，学着分担。很多女人喜欢全部承担家务劳动，但当她们感到疲惫的时候总是喜欢抱怨。其实完全没有必要，不爱做完全可以先放放，或是少做，让丈夫和孩子加入进来。

或许，我们不需要孩子干这些活，但是培养孩子做家务的习惯对孩子有很多的好处。哈佛大学学者曾经做过一项调查研究，得出一个惊人的结论：爱干家务的孩子和不爱干家务的孩子，成年之后的就业率为15:1，犯罪率是1:10。在孩子的成长过程中，家务劳动与孩子的动作技能、认知能力的发展以及责任感的培养有着密不可分的关系。

让孩子先从与自己相关的事情做起，再扩展到其他家人，从小学习为家人尽一份心力，便可培养出责任感。因为家务本就是家中每个人的共同责任，整理自己的东西更是责无旁贷，大家生活在一起，自然都有责任参与整理和打扫。

凡是幸福美满的家庭，面对家务活，绝对是夫妻共同承担。夫妻感情不是靠钱、权、名利、地位这些东西堆砌而成的。夫妻要在一起同甘共苦，在一起做家务就好比共同承担一些“苦”，这更能增进夫妻之间的感情。

以下是我的家庭打扫心得：

1. 定期组织家庭打扫日。打扫卫生最好的时间肯定是周末，抽出三四个小时就可以完成大扫除。平时家中经常打扫的地方不需要太多精力，关键是平时我们的视线注意不到的地方，长时间不打扫的角落积满灰尘可能会引来蜘蛛，也会污染周围的环境。上天赋予女人细腻的心思，有时运用到家务中也会得到很好的效果。每周进行家庭清扫是个不错的选择，坚持到底是最好的。

2. 分配力所能及的家务。家务中总有一些工作，如擦玻璃，擦高处的吊灯，女性做起来会很吃力，把这些高难度的工作交给自己的另一半吧。自己选择做一些简单但要细心的家务，像书架、桌椅的擦拭。千万不要让粗心的男人去做那些费心思的事，那样你只会自寻烦恼。至于小孩子，让他做一些简单、安全的小事情，像整理报纸，洗自己的小手绢等。

3. 对家人的劳动给予表扬和鼓励。对爱人和孩子的劳动给予表扬和鼓励是一种正面强化。收拾家务的成就感不仅来自焕然一新的环境，还有你对他们的鼓励，说一些鼓励的话，如：干得真棒！要是我肯定做不到！当然，也不排斥物质奖励，犒劳一下他们，如奖励爱人和孩子一个亲吻，做一顿丰盛的晚餐，给孩子买一些喜欢的玩具……

有人会，说干家务活除了又脏又累又琐碎外，哪有什么享受可言。但实际上，适时的劳动会给人带来无尽的快乐。现在虽然物质生活很丰富，但精神生活却时常让人感到枯燥，家务劳动能从另一个侧面使人得到放松。当你感到生活枯燥时，通过劳动就可获得新的兴奋点。在工作紧张之余，则可在做家务中找到难得的轻松；在遇到困难的当口，或许能在劳动中触发灵感。

共同承担家务不仅仅是为了解决生活中的麻烦，更是愿意承担家庭责任、共同经营生活的表现，不管做多做少，都表明了家庭成员积极的生活态度。

像收拾房间一样收拾心情

每个周末都有一个“家庭整理日”。收拾屋子是这一天的生活重点。我喜欢整齐和洁净。整齐干净的房间，让人看起来耳目一新。一切收拾妥当后，我会在房间的任意一个角落安静下来，或坐，或卧，或读书，或上网，或写字，一切的一切都是那么的惬意。

整理家务可以勾起曾经的回忆，往昔的快乐和忧伤、得与失、成与败、不谙世事与苍凉成熟、困惑与迷茫就会连续上场。我一直觉得，收拾家务就如同收拾自己的心情一样，由复杂变得简单，由烦乱变得安静。在这个过程中，自己与自己交谈，灵魂与灵魂对话，经过一番分析总结，头脑就会变得清晰。于是，该扔的就仍，该留的就留，心情就会变得轻松释然。

生活需要不断地归纳整理，否则就会乱成一团麻；心情也容易“藏污纳垢”，需要不断地自省与总结，否则就会成为打不开的结。每一次整理，都会使心境变得敞亮、简单、通透。

有时候，我们为了工作、为了生活而忙忙碌碌，何曾有过时间去清理心中的那个杂乱不堪的房间。即使有空，也将它浪费在无谓的消遣里，或是懒散地躺在床上或沙发上消耗时光，从没真正地梳理一下自己的思想和心情，让自己的生活过得更清晰、更实在。结果，心里面堆积了如山的重担，压得自己透不过气。就这样，不断积累，积蓄了很多不该收藏的记忆。

人的记忆就像是一个容量很大的电脑，快乐的记忆就像是资料，痛苦的记忆就像是病毒。电脑每天都要杀毒，清除那些不好的记忆。一旦让病毒在电脑中横行泛滥，过不了多久，电脑就会卡壳，甚至是报废。

洒脱的人，很快就可以将自己的储藏室分列成不同的格式，决定哪一些该留，哪一些该去，将心中想要留下的记忆，装进不同阶层的心房里。执着的人，却将每一件事都尽量堆积在一起，堆得水泄不通，导致一颗心渐渐膨胀，结果无法再容纳别人的劝慰，无法再看清事态的好坏。

一些执着、极度感性的人因为不善于清理心中的垃圾，常常让自己陷入重重的困扰，影响了心情，影响了身体，影响了工作，影响了生活，更影响了身边的家人。

人必须活在当下，活在现实中，而那些杂乱的记忆对现实是没有任何意义的，若是不肯放下，只会变成自己的负担。既然是负担，为何不像对待垃圾一样，痛痛快快地扔掉呢？我相信，只要肯收拾心情，终有一天，我的思绪，我的记忆，我的心情，乃至我的生活，都能够像我收拾的房间一样，干净整洁，没有死角。

心情是种很难把握的东西，想要快乐起来，活得精彩，就要经常收拾心情。把心情收拾好了，心田才会充满阳光，才会明亮起来。

当遭遇失败时，收拾收拾心情，仔细寻找原因，吸取经验，从头再来；当面临痛苦时，收拾收拾心情，拥抱自己，擦干眼泪，勇敢地迎接明天的太阳；当感到无助时，收拾收拾心情，不奢求别人的帮助，自己奋力一搏，就能看到希望；当收获成功时，收拾一下心情，不要让一次成功冲昏了头脑，让自己学会宠辱不惊；当享受闲暇时，也去收拾一下心情吧，回忆往昔，懂得珍惜和感恩。

△ 收拾家务就如同收拾自己的心情一样，由复杂变得简单，由烦乱变得安静。在这个过程中，自己与自己交谈，灵魂与灵魂对话，经过一番分析总结，头脑就会变得清晰。于是，该扔的就仍，该留的就留，心情就会变得轻松释然。

生活并不需要拥有太多，重要的是追求一种什么样的生活态度。收拾心情，带一身轻装上路，美好的未来永远在等着你。

为生活中的小惊喜而雀跃

给阳台上的橡皮树浇水时，意外发现主干旁的土壤里冒出了一棵小树苗，褐色的干，深绿色的叶，叶上还有小绒毛，不注意看还以为是小橡皮树，仔细看才发现是一棵枇杷树的嫩苗。宽大的叶片直直地撑在稚嫩的树干上，就好像打了一把小洋伞，很是可爱！我马上找了一个花盆，将它分出来。家里又多了一个盆栽。

家里原本盆栽不多，像这种“种子选手”就更少了。说是“种子选手”，是因为去年夏天吃过枇杷后，随手扔了一颗果核到花盆里，橡皮树很少浇水，平时我从未注意，没想到无心插柳柳成荫！这不能不说是一个意外的惊喜！

原来生活中处处有惊喜。

有一个朋友换了QQ签名：为生活中的小惊喜而欢呼。她说前天为了换零钱买的一注彩票竟然中了两百元钱。我挤对她说：你一个月几千元的薪水，还在乎这点小钱？她却说：钱不在多，而在于感受惊喜的瞬间，哪怕只有五块钱，也值得乐一乐！

这话真有道理，我们平时总忙于奔波，忙于工作和家庭，根本就没有时间也没有心情停下来去留意身边的小事情和小细节。但是，惊喜从来都不会因为我们的匆忙而消失，它每时每刻都存在着。在这忙碌的生活节奏中，或许我们该慢下来，去感受生活中的诸多小惊喜，不然生活的趣味何在？没有了趣味的生活，岂不是如白开水般无聊！

如果愿意留意生活中的点滴，可能就完全不同了。当你整理衣柜，或找衣服时，这时从某件久未穿过的衣服口袋里发现200元钱，你会不会惊呼一声？当你加班而饿得发晕的时候，拉开抽屉发现里面有一包方便面，你会不会感到很开心？当你发现手机钱包落在盥洗室，回过神，跑回去的时候，却一无所获，这时保洁阿姨轻声地问一句："姑娘，这是你的东西吗？"你会不会感到惊喜……

我们生活中并不缺少惊喜，只是缺少发现惊喜的双眼。忙完了一天的工作，回想今天，有没有那么一个小小的惊喜能一扫忙碌疲倦的心情，让自己放松一下。

罗丹说过：世界并不缺少美，而是缺少发现美的眼睛。就像再平凡的生活，不经意间也总会有一些不平凡的事跳出来，让你的心为之一动。细心发现，仔细观察，用心体会，你就会发现那些藏在身边的丝丝感动。

惊喜，很多时候其实是源自一种天真，来自一颗单纯的心灵对小事物的感动和欣喜。在物质匮乏的年代，一道美味的菜，一本破旧的书，就能让人激动不已。以前，生活中稍微有点变化就会令人的心底泛起惊喜的涟漪。我们今天时时冒出来的倦怠感未必是因为生活中缺乏可喜之事，而恰恰是由于我们已经对太多东西感到了满足，却又不知如何在接近机械麻木的状态下，去寻觅触动心灵的那一点闪光。

一个人倘若完全失去了天真，内心中就会少很多的喜悦。这个世界不缺少玫瑰和月色，缺少的只是那份送花赏月的心境。只要我们保持一颗纯净明亮的心灵，我们生命中惊喜的花朵将处处开放。每天静下心来，观赏一下身边的景致，我们会惊喜地发现：美就在我们身边。清晨的阳光，雨中的落叶，傍晚的夕阳，云雾中的路灯，以及夜空中的繁星……这些看似再平凡不过的景象，只要换个角度，就会给我们带来由衷的快乐。

美好事物不应该一个人去经历

平时在家闲来无事，我就拿着红萝卜试着雕刻玫瑰花，装饰自己做的菜。最近在家研发了一道新菜品：煎萝卜丸子。将白萝卜、胡萝卜擦丝脱水，葱、姜、蒜、香菜切末，放点秘制作料腌制一下（这作料可是我亲自钻研的），加上面粉和匀，等油开了下锅煎，将丸子炸成金黄色捞出，装盘。齐活！白绿相间的丸子配上我雕刻的玫瑰花，颇有大饭店的气派。

为了显摆我的厨艺，周末便迫不及待地叫上几个好友来品尝我的新作品。另外还做了红烧猪蹄、可乐鸡翅、水果拼盘等。朋友对我的萝卜丸子赞不绝口，看着自己做的菜被朋友一扫而光，说不出的开心。

我特别喜欢与人分享自己的快乐，因为我觉得一个人的快乐，再喜悦也是孤独的。所以不管是品尝美食，还是外出旅游，我都喜欢邀请自己的好朋友或者是家人。美好的时光不应该孤独地度过，美好的事物不应该一个人经历。“独乐乐，与人同乐，孰乐？”当然是大家一起分享更快乐。

分享看似付出，实际上却是获得，当我们把自己的好东西拿出来与人分享时，我们的胸怀变得更加宽广，我们的生活也变得更加精彩。

我曾在网上看到一则新闻：

一个 9 岁的小男孩把自己很喜爱的东西从家中搬了出来，放在大街上出售，很多大个的玩具仅售 1 元。如果对方没有零钱给的话，小男孩就免费送给对方。有人问他为什么这样做，小男孩回答："现在自己慢慢地长大了，很多玩具放在那里只是一种摆设，都浪费了。这些玩具曾经带给我很多的快乐，我希望能将快乐传给更多的人。玩具能卖多少钱不重要，重要的是我的玩具别人同样喜欢，我很开心。"

我很佩服这位男孩在小小的年纪就懂得与人分享的道理。自己享受一样好东西，获得的是一个人的快乐。许多人在一起分享好的东西，获得的是人生美好的回忆和美好的情感。

现在，我们更多的是用网络分享事物，分享一段精彩的视频，一段感人的故事，一幅漂亮的图片……分享这些好东西，在一起交流，共同感受相同事物带给我们的不同而又微妙的感受。每当我看了一本好书，我都会在论坛里和一群网友讨论，那个时候，我能深刻地感受到这本书的内涵，感受到来自大家内心的共鸣。

人的心理健康需要一个健全的社会支持系统，这个系统来自家人、朋友、同事等。当我们和这些人在一起分享的时候，就会获得一种安全感、归属感，这样的心灵互动会让我们更有勇气去面对生活，体验生活的乐趣。没有人分享的人生，无论是快乐还是痛苦，都是一种惩罚。

的确，如果一个人获得成功，得到美好的事物而不能与人分享，对自己来说是种惩罚！在我们的生活中，有很多人在不知不觉中惩罚着自己，因为他们忙于工作，不信任别人，把自己限定在自认为安全的小圈子里而独立于人群外，在孤独中承受各种喜怒哀乐。他们封锁自己的心灵而让生命显得干燥、生硬，表面上很坚强，可坚强里面藏着一颗濒于枯竭的心。

打开心扉，让别人走进你的世界，分享生命中的美好和自己的快乐。当夜深人静的时候，想起那些和家人、朋友、爱人共同经历过的美好时光，那些带着笑声和泪水的回忆，你会发现自己的生活很充实。

人人都有“画出美味的才能”

每次切白菜都会剩下很多白菜帮儿，因为家里人吃蔬菜的时候只爱吃叶子，所以我做菜的时候也多做叶子。看着菜板上的白菜帮，总不至于因为不喜欢就扔了它们吧！我要想办法把这些不爱吃的东西变换花样，做成爱吃的美食。于是，我在网上学习做“酸辣白菜帮”。

根据步骤，准备一些白菜帮儿和蒜瓣、干辣椒、盐、鸡精、白醋等作料。把白菜帮儿切条，放在清水中浸泡 5 分钟左右。上锅放底油，放入切好的干辣椒、蒜片，炒出香味，继续放入白醋、盐、鸡精调味，最后放入切条的白菜帮儿，翻炒数下，出锅！

吃之前，先生还用怀疑的目光看着我，等品尝之后，赞不绝口。酸酸甜甜，又带微辣，是一道很开胃、清口的菜。

其实，不只是白菜帮儿，像芹菜叶我们平时也很少吃，不是

△ 看着菜板上的白菜帮，总不至于因为不喜欢就扔了它们吧！我要想办法把这些不爱吃的东西变换花样，做成爱吃的美食。

不可以吃，而是做出来的口感不好而不喜欢吃。但是，巧妇是最会“化腐朽为神奇”的了，只要不想浪费，开动脑筋，就一定会把它们变成一道美味的小菜。

我们经常听说“化腐朽为神奇”这句话，将那些无用的、坏了的东西变成好的、别出心裁的东西就是一件神奇的事情。记得小的时候，经常捡一些树叶之类的东西当书签夹在书里，特别是银杏叶，像一把小扇子，然后经过剪裁和其他植物的根茎搭配，竟然可以搭配出一幅水墨画。

根雕艺术也是最能说明“化腐朽为神奇”的。一个没有任何用处、甚至是丑陋的东西经过根雕人的双手，就像是施了魔法一样，变成了栩栩如生、惟妙惟肖的艺术品，让人爱不释手。谁说朽木不可雕？

我们惊叹于这种能力，欣赏这种创意。其实，在生活中，这样的事情有很多，人人都是魔法师，只不过被自己忽略了。一次，我去美发店，一个年轻的帅小伙帮我理发，不知道是新手，还是心不在焉，结果把我整齐的刘海剪成又碎又难看的斜刘海。回到家中，对着镜子看了半天，实在生气，近几年最不流行的就是这种碎碎的头发。真不愿意每天顶着这么难看的发型出门工作、逛街，我只好拿起家里的剪刀对着刘海进行修复，虽不能称得上十全十美，却比之前好看很多，心里也就逐渐平衡了。

在生活中，我们更擅长的是丢弃东西，因为不需要开动脑筋，只需要轻轻挥一挥手。很少有人去主动创造东西，因为创造需要开动脑筋。剪坏了的头发、破了洞的背包、掉漆的柜子、断腿的桌子，心疼之余更是心烦。为何不开动自己的脑筋，修补这些东西呢！把坏的补好，把旧的变新。这样还能循环使用，减少浪费，促进环保。另外，对于我们十分有感情的东西，把坏了的部分修好，就好像给了那些东西新的生命，自己也会觉得很有满足感。

因此，我们都应该尝试运用创造性思维，变无用为有用，变旧为新。将家庭废弃品加工成各种小巧精美的家居用品，将我们不舍得丢弃的东西修补成新的创意品，那就是一个新奇，充满智慧和快乐的生活。

要善于发现生活中的美，创造生活中的美，将大自然和生活中的废物资源利用，化腐朽为神奇。不管一个人的知识是否丰富，只要他愿意开动脑筋，发挥自己的想象力，就可以创造出神奇美丽的人生。

臭美之心人皆有之

尽管我的“粉丝”不那么多，但我是标准的微博控。我喜欢看微博中一些睿智、有趣的话，看一些搞怪可笑的视频，看天马行空的观点和评论……从中感受这个千奇百怪的世界。除此之外，我最喜欢做的就是在微博中晒自己的照片。有些人挑选自己的照片到手抽筋，只为让别人看到最美的自己；有一些人专发自己夸张、搞怪的照片博众人所欢。而我不论是自己的生活照、旅游照、美照、丑照，还是被别人偷拍面无表情的尴尬照，统统发到微博上，然后配上一两句自己的心情话语，专供自己享受和欣赏。

当然，要是自己的照片有人欣赏，美好的心情会更加绚烂；不好的情绪也会因为别人某句搞笑的评论而烟消云散。而别人的一些负面评价，便随它去吧！我因为自信而去臭美，因为臭美而快乐。

我始终认为一个人的自信不是来自于外界的评论，而是来自于自己内在的超越，可是大多数人过于在乎来自外界的评价和定论。他们常常留意别人怎么看自己，晒自己照片的时候，担心别人会“拍板砖”；和别人交谈的时候，害怕自己的言论会受到别人的抨击；去KTV唱歌的时候不敢开口，担心自己会出丑；买件新衣服，不敢第一天穿出去，总觉得有些地方欠妥当。这样就无形中给自己施加了很大的压力，放不开手去做一件事，心情总是很糟糕。

要知道，别人夸你好，并不代表你真的优秀；别人批评你，也不代表你真的差劲。生活中，我们喜欢穿什么样的衣服就穿出去，喜欢表达怎样的观点就说出来。唱歌不好听又如何，急匆匆赶路摔个四脚朝天又能怎样？你的观众并不多，他人没有太多的时间和精力去关注你。因此，你没有必要把别人的看法当成天大的事情，最重要的是你要有一个自信、快乐的心态。

记得早些年我很喜欢玩滑板，经常到广场上去练习，但是，总会有很多搞不清情况的路人在那里嘲笑我的跌倒，让我觉得压力很大。那时因为玩滑板我结识了一位好朋友，他的技术已经很高，我将自己的心理感受告诉了他。他对我说：“我开始学的时候和你的心理是一样的，但是我们要搞清楚自己是为什么玩滑板，是为了快乐，管别人说什么呢！你想象一下，等你技术娴熟的时候就没有人会笑你了，他们只会用羡慕的目光看着你玩。”

后来，我只管玩自己的滑板，再不会去管别人说些什么，每一次玩滑板我感受到的只是当自己练出一个新的动作时的成功感。生活中，我们自身的快乐远比别人的眼光重要得多。做自己的主人，不要让周围的人决定你快乐与否。

在心理学上有一个有名的“伤痕实验”：每位志愿者都被安排在没有镜子的小房间里，由好莱坞的专业化妆师在其左脸做出一道血肉模糊、触目惊心的伤痕。志愿者被允许用一面小镜子照照化妆的效果后，镜子就被拿走了。

关键的是最后一步，化妆师表示需要在伤痕表面再涂一层粉末，以防止它被不小心擦掉。实际上，化妆师用纸巾偷偷抹掉了化妆的痕迹。

对此毫不知情的志愿者被派往各医院的候诊室，他们的任务就是观察人们对其面部伤痕的反应。规定的时间到了，返回的志愿者竟无一例外地叙述了相同的感受——人们对他们比以往粗鲁无理、不友好，而且总是盯着他们的脸看！

可实际上，他们的脸与往常并无二致，什么也没有。他们之所以得出那样的结论，看来是错误的自我认知影响了判断。

这个实验揭示了很多人内心的真实表现。原来，一个人在内心怎样看待自己，在外界就能感受到怎样的眼光。一个自信的人，感受到的多是欣赏的眼光；一个自卑的人，感受到的多是歧视的眼光；一个快乐的人，感受到的多是平和的眼光……可以说，有什么样的内心世界，就有什么样的外界眼光。

有时候，我们不快乐是源于我们内心对自己不够相信。对自己不够相信，就会特别在意他人的目光。我平时喜欢画画，并不能像大师一样画出让人惊羡的作品。但是，我依然很自信地画，画出自己的想法，画出自己快乐的心情。至于身边的人怎样看待，又有什么关系呢？

快乐由自己掌控，与别人的眼光、嘲笑、评价无关。做真实的自己，做自己喜欢做的事情，即使很蹩脚，但是很快乐！

△　一个自信的人，感受到的多是欣赏的眼光；一个自卑的人，感受到的多是歧视的眼光；一个快乐的人，感受到的多是平和的眼光……

Part 2

感情像粥一样越熬越香甜

不管是亲情、爱情，还是友情，都需要我们用心去呵护。如果我们懂得用真善美来约束自我，用唇齿相依的理念去经营感情，我们的感情世界就不会有那么多的信任危机，彼此伤害。

婚姻犹如熬粥

记得几年前，我刚结婚时与几个朋友聊天，谈起各自的婚姻。一位朋友形容婚姻说，其实婚姻就像煲一锅粥，不同的是，粥是慢慢熬出来的，而婚姻是一年年守出来的，只有当你学会了如何熬一锅好粥的时候，你才会真正品出婚姻的好处来。

我那时对婚姻的理解尚浅，听了这位朋友的比喻，再想想身边那些闪婚闪离的男女，我对这句话百思不得其解。婚姻就像煲一锅粥，要熬到什么时候啊？现代社会流行的是快餐式的爱情，谁有那个耐心和时间？与其守在婚姻里煎熬，不如出来换换新鲜空气，因为谁能保证你会熬出幸福来？

直到有一天，我学着自己熬粥，才对婚姻有了新的认识。一天快下班时，先生给我打电话说胃不舒服，想喝粥。应了他的要求，我回到家就开始熬粥，可是米刚下锅不久，他就到家了。他饥肠辘辘非要先喝一碗不可，我只好给他盛了。因为没有慢慢熬，碗里的粥分成了上下两层，底下的是还未融开的米，上面的是水，米和水根本就没融到一起。这种粥不仅非常难喝，而且一点儿香味也没有。先生喝了一口就不愿意再喝下去，说太难喝。我对他说："熬粥，熬粥，只有慢慢熬，才会熬出好味道。没有耐心，当然喝不到黏稠、香甜的粥了！"

此刻，我又想到了朋友的话，想到了自己的婚姻。我和先生是自由恋爱，结婚前，我们花前月下，甜蜜恩爱，那时先生在我眼里，真是百里挑一的白马王子。让我遇上这样的男子，真是上天赐给我的“礼物”，为此，我每天都笑得如阳光一样灿烂，感到非常幸福！

可婚后不久，他的毛病不知不觉就显露出来了：不爱干净，喜欢乱扔脏衣服，每次洗完衣服总会发现有衣服漏掉没有洗；让他去刷碗，他满口答应，就是不行动，有时候干脆忘掉；睡觉的时候，打鼾的声音特别大，我经常被他吵醒。每次我都要大发雷霆，觉得双方无法融合……但是，不能就为这点小事离婚吧？所以，当他每天为我端洗脚水，或者是帮我泡一杯茶的时候，我的不痛快也慢慢地消失了。后来，我竟然习惯了他的鼾声。因为有他在身边，我感觉幸福、安全。

现在再回头想想那位朋友关于婚姻的比喻，才慢慢体会出婚姻就像煲一锅粥的道理。是啊，要想体会出婚姻中的好，只有慢慢熬，才能熬出婚姻的好味道。任何人的婚姻，绝不可能一上来就是芳香扑鼻。

结婚是为了给自己找一个相依为伴的亲人。父母和兄弟姐妹不可能一直和你生活在一起。你要是有一个家，你还孤独吗？因此夫妻双方就需要相互宽容，相互体谅，因为你们是要相守一辈子的人。

在电视剧《王贵与安娜》中，王贵对自己的儿子说过这样一段话：“回到家，扮个笑脸哄哄老婆，这有啥不好啊？不哄自己的老婆，哄谁的老婆呀？哄别人的，还麻烦，对不对？我告诉你，你千万不要有负担，觉得哄老婆就失去了男子汉的尊严。这是任务。”男人如此，女人也是如此，彼此相互照顾，容忍对方在生活上的毛病与缺点，这就是在熬粥。

感情最好是慢慢升温，才会长久。米、水、锅之不同，犹如

△ 熬粥，熬粥，只有慢慢熬，才会熬出好味道。没有耐心，当然喝不到黏稠、香甜的粥了！

人之不同，慢慢磨合之后，才能包容其缺陷，欣赏其优势，彼此融洽，收得一碗独一无二的珍馐美味。

平常生活中的浪漫调味料

有一次宴请朋友，我做了一锅看上去很鲜美的老鸭冬瓜汤，朋友刚喝了一口，就大叫起来：“你是不是没放盐啊！”我确实记不清这道菜是不是放了盐，为了验证，我马上尝了一口，果然如此！这道看上去美味的汤竟然索然无味，只是因为缺少了最后一味调料——盐。盐是烹饪中不可缺少的调料，放少了，食物就会索然无味，令人难以下咽。何况这道老鸭汤根本就没有放盐呢？

爱情像一只表，不上发条就会停摆；婚姻像一只钟，除了必须上发条，还得忍受每隔一小时就“当，当”作响的钟声！我的脑海中突然跳出之前看的一部好莱坞电影《七年之痒》，电影讲述一对夫妻在结婚七年之后，婚姻生活平淡无味，在结婚几年之后，突然发现夫妻之间已没有什么话说，生活像一潭死水，没有了激情，连吵架的劲儿都没有了，那滋味如同我那一锅没有加盐的老鸭汤吧。

有朋友问我：“我的婚姻究竟怎么了？我整天看到的就是一张老面孔，不再会激起心中的波澜，简直让人无法忍受，难道要离婚吗？”很多夫妻为此感到苦恼，认为昔日的感情不再，感情已经被时间消磨殆尽，继续下去苦不堪言，放弃又十分可惜。当婚姻成为模式，许多个日子变成了一成不变的公式。

爱情像火柴燃烧，刹那间放射出炫丽的光芒，能将两颗心融化。甚至有人愿意用尽一生的激情去燃烧，只为了享受这短暂的幸福。所有划过的火柴都只是美丽的瞬间，所有的心动都会慢慢沉淀下来，它无法温暖你的一生。当它燃尽，那硝烟的清香会顷刻化为乌有，留下的是无尽的失落。其实，所有的绚丽都是短暂的，它最终都会归于平静。

电视剧《爱情公寓》中有这样一句话："也许某天，你的大脑也会死机，然后留下第二天的一堆破事。不过，生活总要继续，因为一切总要归于平静。"爱情走进婚姻，也会变得平淡，这时我们就要学着给婚姻加点料，就像给没有味道的老鸭汤加点盐，让它的味道变得鲜美。

给生活加点酸味。当双方都闲下来的时候，别顾着宅在家里，将他从房间里拖出来，去爬一爬从来没有爬过的高山，或者是大早起床拽起他和你一起看日出。当你们大汗淋漓地归来时，当他抱怨你让他累得够呛的时候，其实也给他留下了美好、有趣的回忆。平时让他陪你打打球，切磋一下棋艺，因为自己要赖而争得面红耳赤也没有关系。

给生活加点甜味。重拍婚纱照，结婚时也许没有拍过婚纱照，也许拍了但不满意。跟上时尚的步伐，找回热恋中的感觉，让婚姻生活升华。找一家不错的影楼，把这次拍的照片放大挂在家中，相信夫妻俩会自得其乐。偶尔把陪伴朋友买醉的夜晚换成两人重温往事的时光，铺开桌面，取出高脚杯，斟上一点陈年葡萄酒，细细地品味。不要不好意思，不要以为这是恋爱才会有的情节，不要以为自己只适合在厨房里待着，不要以为自己只能在电脑前拼命，让自己做回恋爱中的宝贝。

给生活加点涩味。不妨给自己制订一个计划，为家人和孩子购买保险，换一套更大的房子，买一辆私家车，为此双方在生活上都要收敛一些。有了一个共同的目标，然后才有了同甘共苦的基础。

给生活加点辣味。相处在一个屋檐下，难免会有一些争吵，为鸡蛋汤要不要加味精而争吵，为某件物品的放置位置而争吵，为起床之后叠不叠被子而争吵。夫妻在一起难免会硝烟四起，但是别往心里去，争吵是因为在乎对方，所以，干脆让吵架的暴风雨来得更猛烈些吧。你的生活因此会有声有色。但是，夫妻床头吵架床尾和，不要计较太多。

婚姻生活若是平淡无奇，日复一日无变化，年复一年了无痕，必定不会快乐。做个聪明的女人，给生活加点调味料！

多联络才不至于被雪藏

打开冰箱，突然注意到最下层有一块蛋糕。我猛然想起，三天前母亲过生日的时候，我买了一个大蛋糕给她祝寿，母亲不太爱吃甜食，就剩下了大半块放进冰箱，我准备将它慢慢消灭。今天发现它的时候，它已经和其他的食物串味了，而且口感也大不如几天前了，只好将它扔掉。

平时工作和生活很忙，放在冰箱的东西很多，一些食物直到变质了才被发现，最后只好扔掉。食物如此，人与人之间的关系大概也如此吧。长期不联络的人，很容易被人“雪藏”，到最后也会慢慢被淡忘，从他人的脑海中丢掉。

很多同学很久没有联系了，不知道他们最近好吗？会不会像遗忘在冰箱里的东西一样把我遗忘掉了呢？想起上学的时候，大家一起学习，一起争吵，彼此分享快乐和痛苦。分开时间久了，电话短信邮件少了，彼此之间的问候少了，也不能第一时间分享彼此的快乐与不幸，好像变得冷漠缄默了。

偶然间想起老朋友，就习惯性地打开空间，然而上面显示“抱歉，该空间仅对主人指定的人开放。”我顿时愣了！随后，却又淡然了。因为时间，因为距离，因为没有联系……有些人，慢慢地淡出了你的世界，慢慢地在你的记忆里模糊了……

QQ 上好友头像黯然一片。我隐身，你看不见；你隐身，我也看不见。很多人宁愿找些陌生人或者不熟悉的人聊天，也不愿意和以前的好朋友聊天。不知道要聊什么，也不知道从何聊起……时间长了，渐渐地疏远了，陌生了……虽然曾经彼此之间很熟悉，但是现在却多了一层隔阂，网上见面只剩下一个简单的问候：“最近好吗？”“嗯，还好，就那样”，没有下文了……

时间、距离、不联系……是感情最可怕的敌人！时间久了，感情会变淡。距离长了，感情会疏远！这是真真切切的，你我不可逆转的。

还记得曾经的好友吗？他们现在还好吗？这些年来，过得顺畅吗？工作怎样了？找到另一半了吗？改变成什么样子了？还有着以前那些爱好吗？还是像以前那样喜欢这喜欢那吗？

朋友是我们人生当中可遇不可求的人，是我们人生中美丽的邂逅。完美的爱情和亲情也不能取代它的位置。不要让友情输给时间，你不告诉她你牵挂着她，她永远也不会知道……别让曾经的一个个好朋友，随着年月的流逝而一个个渐行远去，等到心灰意冷的时候，却发现身边早已没有人来倾听你的委屈……

▲ 无论多忙，要记得主动和身边的朋友联系，即使不打电话不发短信，也要在微博或者微信上和朋友保持互动。这种新鲜的联系方式让人感觉到温暖，会承载你对朋友的牵挂和思念。

存储好同学和朋友的电话号码，最好有一个备份。如果朋友来了短信或者是电话，你不知道对方是谁，尴尬是其次，你们的关系肯定会瞬间冻结。

无论多忙，要记得主动和身边的朋友联系，即使不打电话不发短信，也要在微博或者微信上和朋友保持互动。这种新鲜的联系方式会让人感觉到温暖，会承载你对朋友的牵挂和思念。

有一句广告是：再忙，也要和你喝咖啡。不要只在需要帮忙的时候才与朋友小聚。休闲的时候，娱乐的时候，旅游的时候，何不邀上你的好朋友一起。有时候你需要的只是一个伴儿罢了。春节的时候，高中同学、大学同学都会自发地组织聚会，抽出一天的时间去感受上学时代的乐趣吧。这是我们怀念彼此、怀念无法倒退的时光的最好方式。

朋友是我们一生的财富。每个人都有伤心难过的时候，有时我们会惊奇地发现，每次在你难过时听你哭诉、陪你伤心的总是你的那些朋友。在你快乐时，他们也许不会出现，但当你难过时，他们总是第一时间出现在你身旁。所以，平时多“晒晒”朋友，并珍惜他们，多和他们保持联系，不要被他们“雪藏”。

我干了，你随意

在酒席上，如果听到有人说：“我干了，你随意。”我总会认为这样的朋友值得深交，因为酒席上讲究一口干，说明他是个通情达理的人，不强求别人付出多少。

在人生的旅途上，我们无法强求任何东西，也无法预料下一秒会发生什么事情的时候，我们能做的就只有干好自己分内的事情。

人与人的交情在于用心交流，但也不能太过强求，不能太过于重视，否则对方会觉得压力很大，会被你的重视压得喘不过气来。但又不能过于疏忽。过于疏忽，可能就不会再有联系。有的朋友，你如果太重视他，会让他觉得交你这个朋友很累，因为你太重视他，就会对他有很高的要求，这样让他感到压力。

无论是朋友之间，或是恋人之间，付出与收获总是无法对等的。总会有付出较多的一方，也有付出较少的一方。自己付出的多，就要求对方也要同等付出，这往往是难以实现的。所以，现在很多时候，我在和朋友相处的时候，都会告诫自己：要控制自己的付出，这样会让自己和朋友都不受伤害。

很多女人认为“付出就是爱”，她们非常辛劳、勤快，总是愿意把自己一腔的温情都放到家庭、爱人和孩子身上。她也理所当然地想“我付出这么多，孩子应该更优秀，老公应该更爱我”，但往往得到的结果是“老公不和她沟通，孩子并不那么优秀，甚至到了青春期还很烦妈妈”，因为她的付出要求回报。我的一些朋友心里很不平衡，找我抱怨：“我付出这么多，他们怎么就不知道心疼我呢？你说我容易吗？”当我听到女性这么说的时候，我非常理解她们，但我的心里又会隐隐伤感。

付出就要得到回报，得不到回报就会抱怨，抱怨之后会更加付出，因为她们认为：“可能是我做得还不够，只要我做得更多，他们就会同样地爱我了。”结果并不是这样。更加付出之后还没有得到回报，这样循环下去，最终会成为怨妇。

为什么这么多不开心的事情都发生在自己身上呢？为什么自

己付出了很多却换不来别人的理解和支持呢？其实，是我们在付出的时候太期望得到别人的回报了，我们除了对自己有要求以外，也会对别人有要求。结果大失所望，我们就会很痛苦。

有一位我以前的同事，如今自己开了一家茶餐厅，成了“刘总”。一次，她和我约好要一起喝茶，地点就定在她的茶餐厅。征得她的同意后，我邀请了两位好朋友和自己一起前往，还将刘总的创业故事告诉了这两位朋友。她们都很盼望着能见到刘总。

我们准时到达时，刘总打电话给我说自己有事不能准时到达，但会尽快赶过来。一个多小时后，两位朋友因为还有别的事情，我们只好离开了。离开时，听门口的服务员说刘总已经到了，先去了办公室。

但我们还是决定不再打搅她，出门而去。然后一分钟不到，我收到刘总的短信：“对不起，我有事情赶不过去了，你们好好玩吧。”

看到短信的刹那，我感觉很不好。她明明已经到了，却这样回复我。而且我们是很好的朋友，我也是因为喜欢她的茶餐厅环境才来的。

我回复她说：“没关系，我们有事先走了。”

她又回复过来：“实在抱歉，下次有空我请客。”

我一直都是拿最真诚的态度对待刘总，不料想她会这样，所以总觉得心里很别扭。转而一想：我为什么要感觉不舒服呢？我们不是生活在一个简单的社会，而现实有很多事情不像我们所想象的那样，别人有自己的工作时间，有那么多的客人和朋友，我为什么要求所有的人都令我满意呢！我只要做到对别人真诚就好了，要求太多，只会烦恼和痛苦越多。

美国著名心理学家埃利斯提出了人际交往中的“黄金规则”：

你希望别人怎样对待你，你就怎样对待别人。生活中，许多人抱住这样的观念不放："我对别人怎样，别人就必须对我怎样"——这就是所谓的"反黄金规则"。

别人想什么，我们控制不了；别人做什么，我们也强求不了。唯一可以做的，就是尽心尽力地做好自己的事，走自己的路，按自己的原则，好好生活。即使有人亏待了你，时间也不会亏待你，人生更不会亏待你！

多情反被无情扰，每个人有每个人的世界，有每个人的活法。自己的生活方式未必和别人的相同。想要的太多，强求不来……我应该摆正自己的心态了。就像酒席上常说的那句话："我干了，你随意。"管好自己就行了，不要过分强求别人怎样。

久放的鱼饵也会没味道

买菜做饭从来都是"量"力而行，家里有多少人，就买多少。因为买得太多，一时用不上，时间久了就会变质。做饭也是这样，我是宁肯少做，也不愿留下剩饭，时间久了远不如出锅时的新鲜可口。仔细想来，这和爱情是一个道理，爱情放久了自然也会失去新鲜感。

当人们坠入爱河的时候，甜言蜜语，风花雪月，恋爱就像是大自然的空气，没了它就难以生存。两个人在一起的时候如胶似漆，总感觉时间不够；见不着恋人的日子里，一日如隔三秋。希望恋人可以和自己时刻待在一起，和恋人一起享受美食，和恋人一起看浪漫电影，和恋人一起游玩，和恋人一起谈些掏心窝子的事情。

热恋时，男人不爱整理家务可能被看作是有男人味，抽烟叫作有风度；女人打扮得花枝招展是妩媚动人，吵吵闹闹、要些小脾气则是开朗活泼。总之，“情人眼里出西施”，一切在外人看来显而易见的缺点，到了恋人的眼中，就全部幻化成了爱情的甜蜜和美好的象征。

爱情使人忘乎所以。在甜蜜的爱情世界里，每个人都沉醉于自己精心营造的美好幻境中。张爱玲有句话：婚姻是一袭华美的袍子，上面爬满了数不清的虱子。可惜的是，人们的眼中只有那袭华美的袍子，而不能或者不愿看到那上面的虱子。

有了共同的时间和空间，爱情就像被遮挡了风雨的鲜花，每一天都有最诱人的芬芳。时常在花市买了新鲜的花，拿回家放在花瓶里，最初看着它一天比一天漂亮，可是不多久便开始凋零。爱情总会归于平淡，双方的缺点总要暴露出来，甚至会让彼此生厌。所以，好多时候，两个相爱的人多年长跑下来，最终还是说了“再见”。

我有一个朋友和相爱八年的男朋友分手了。她说，真的是因为时间长了，两个人已经没有刚开始的激情，爱情久而久之淡了，可能更多的是亲情。彼此都在忍受着对方的缺点，因为毕竟时间长了，谁也放不下，也都在考虑对方是不是理想的结婚对象，答案中会出现很多的疑问和犹豫。等真正有一天一个人变了，也就离分手不远了。

恋爱的时间越长，分手的可能性就越大。因为厌倦，因为平淡，因为我们远离了最初那些诱人的牵引，爱情只剩下一些美丽的记忆片段，但记忆无论怎样美丽，也已无力回天。

国外专家研究表明：爱情只是人体荷尔蒙激素的一种化学反应，这个周期顶多也就一两年的时间。婚姻，有七年之痒；爱情，只有一两年之鲜。男女相爱时间超过一两年，双方的爱情激发物质就会被人体中的抗体抵消。一旦出现第三者，爱情激发物质又会滋生，但同样难以超过一两年。

爱情的保鲜期到底有多久？这个没有定论，因人而异，不过我相信每个人都会有。当然，也不是说过了保鲜期就没了爱情，有时候爱情反而越久越浓郁。这里所说的"爱情保鲜期"，应该是一个人对爱情的新鲜感觉。

初恋成功从一而终的概率太小了。第一次、第N次的爱恋现象比比皆是。爱情的短暂，想想是多么的可怕。所以，当我们拥有爱的时候，要用心去呵护，让爱情达到最高境界。

记得有这样一个笑话：一位父亲问大龄的女儿："孩子，你年纪也不小了，为什么还不准备结婚呢？"女儿得意地说："爸爸，别担心！大海里的鱼多着呢！"父亲回答："但是，孩子，你可知道，鱼饵放久了，就没味了……"

是啊，鱼饵放久了，就没有味道了，还怎么能吸引鱼儿来上钩呢！

当我们找到那个合适的人时，利用女人的直觉，在躁动的心加速跳动之后，在爱情还没有乏味之前，在彼此还没有厌倦之前，在我们想要逃避之前，把自己嫁出去。然后，让爱情结束心的漂泊，在油盐酱醋茶里培育爱情，在吃饭穿衣睡觉时温习爱情。在日常生活里让爱情成为一种不想改变的习惯，它才能更长久地保鲜和保温。

爱的最高境界，就是将爱情的情感转化为感情、亲情和恩情的情感，彼此之间依然持续付出自己对对方的真诚和关怀，这或许是爱情保鲜的最佳方法。

把窝营造温暖也是个本事

网上聊天时，朋友问我："你在哪里？"我说："在家。"他说："你真幸福！"我问："为什么？"他说："因为你在家。"

由于工作性质，朋友要经常出差，基本上是和家人长久分居。所以，家就是他的痛。反复咀嚼朋友的话，我才意识到自己是身在福中不知福。家是最舒服、最令人放松的地方，在家的人当然就是最幸福的人了。

刚结婚没多久，我和先生经常外出旅游，到西藏、丽江、凤凰古城……试图在祖国各地印上我们的足迹，往往一去就是一个星期，有时待的时间更长。风尘仆仆，回到家中，倒在床上的时候，都会感慨一句：还是自己的家最舒服。

朋友 Lily 嫁了个有钱人，住在市郊豪华别墅区。有一次应邀到她家玩，晚饭过后突然下起大雨，Lily 就挽留我住下。盛情难却，就住下了。房子很大，装饰得富丽堂皇，房间很多，一扇扇门就需要很长时间参观。我所住的房间色调明快，摆设极为讲究，床要比家里的大，垫子要比家里的软。虽然躺上去很舒服，可翻来覆去就是很难入睡，愣是看了半夜的杂志。回到家中，我跟先生打趣说："金窝银窝不如自己的狗窝啊！"

有人说，家是居住的房子；也有人说，家是生活的一部分；我认为，家是最放心的地方。家不论房子的大小，不论家具是否最昂贵，不论装饰是否最入时，不论是否能给人顶级的享受。因为有爱的地方才是家，把心放在家里，就有了牵挂，有了寄托，有了安慰。家是芸芸众生在这大千世界中的安身立命之处。在家里，你可以抛开所有的防备高枕安眠，可以扔掉一切的顾忌笑语畅言。

当然，家的美好和放心也在于自己的经营。幸福的家庭大多相似，不幸的家庭各有各的不同。家中弥漫着爱才会温暖，这份爱来自一个原则——不要自命清高的标榜我是唯一，不要总是强调我是一家之主。和婆婆相处的时候总有摩擦，但是我都心平气和地和老人家沟通，因为她含辛茹苦养育了我的先生，无论如何都要尊敬她。我也将这话告诉先生，但是一些问题总要解决，希望关键时刻，先生能够理智对待。这是我们之间的共识，也是和平相处的关键所在。如果先生夹在缝中难做人，肯定会影响我们之间的感情，也会破坏家庭和谐的气氛。

另外，我们家有一个不成文的规定：我和先生谁都不会把在外边工作、生活、交往等方面遇到的烦恼带回家中。我受到怎样的委屈都要笑着进门，因为不想大家担心。我无法解决的问题自会笑着请求先生帮我解决。

夫妻之间，争吵也是在所难免的。但是，我们之间也有一个吵架公约：第一，吵架不当着父母、孩子、亲戚、邻居的面，在公共场所要给对方面子。第二，在家里吵架不准一走了之，实在要走不得走出小区，不许不带手机和关机，不许提“离婚”二字。

平时，我也会要求先生和我一起装扮我们的家。他喜爱画画，我就鼓励他亲自动手画一幅油画，由我来动手装裱，挂在家中最显眼的地方。每次回到家中，我第一眼就能看到他的杰作。

我们两人都是爱好家居的人，当时选购家具的时候，只有卧室的床是最快下决定的。我们还产生了一个口号：买最舒适的床，做最美好的梦。床单也是我们一起选购的，夏天适合清爽的冷色调，是他喜欢的条纹床单；冬天适合柔和的暖色调，是我最喜欢的布满鲜花的床单。家每时每刻都在我们的装扮下变得更加舒适、更加温暖。

家中的植物更是增添了一抹暖意。家中除了一些盆栽和我最喜欢的一些花卉之外，还有一盆特殊的艺术盆栽，它更为家中增添了一些美感。

有一次，先生无意中说起公司有位同事水培的红薯发芽长叶，成了一道独特风景。我也如法炮制，挑选一个红薯放在玻璃花瓶中养植。没过多久，块根便悄悄地有了变化：先是陆陆续续地发了芽，靠水的根部也生出了短粗的白色根系。我兴奋地叫他一起观看。此后，我们每天都密切关注红薯的成长，并用相机拍照留念。等到叶片抽生的时候，紫红色的茎干衬托着绿绿的叶子，不断地向上伸展。如果不是瓶中这个块根“暴露”了它身为红薯的身份，谁也想不到其貌不扬的红薯也会如此的精美雅致。

我始终觉得，幸福的家庭氛围需要智慧和情趣去营造。

新配的钥匙会“发涩”

今天下班后和母亲同去菜市场买菜，之后拎着大包小包赶回家做饭。两人累得气喘吁吁，好不容易走到楼道口，可是单元门怎么也打不开，母亲的钥匙没有带，只有我手里刚配的这一把钥匙。无论我怎么用力，门就是打不开，心里忍不住想发火，这时从里面出来的邻居看到我和母亲焦急地站在门口，马上上前来为我们开了门。我一边道谢一边嘀咕："刚配的钥匙不能用，我得找他去！"邻居问，你家有铅笔吗？拿来帮你试试，我回家拿来一支铅笔，只见邻居从铅笔芯上刮下来一些粉末倒进锁芯里，钥匙顿时好用了。

"钥匙和锁开门时如果很涩，有个简单的办法就是把一些铅笔芯的粉末撒在钥匙上面，因为它的主要成分是石墨，可以改善钥匙、锁芯内的摩擦状况，使其更好用。"这就是邻居教给我的小窍门。原来新配的钥匙不好使，需要磨合。门打不开不是家门不对，不是钥匙拿错了，而是因为新配的钥匙"发涩"。

回到家中，思考了很多，发现不只是钥匙需要磨合，很多东西都需要磨合，婚姻也不例外。一男一女，各有各的秉性，各有各的生活习惯。受不同的教育方式、不同的经济条件、不同的生活环境、不同的父母脾气和品性的影响，方方面面都有差异。所以，有时候确实会感到"很涩"。

谈恋爱时，双方都会不自觉地尽量掩盖一些各自的缺点、弱点，所以对方并不容易察觉。一旦结婚过后共同生活，也就没有遮掩的必要和空间，所有缺点和弱点都暴露无遗了。

结婚同住就是"磨合期"的开始，也只有安全度过这个"磨合期"，两个人才能很好地相处，走得更远。

回想我跟先生刚步入"围城"时，两人曾经有过许多磕磕碰碰的事。譬如，我喜欢家里的东西分门别类，整齐划一，但是，先生却喜欢随手放东西。每天起床后，先生都不喜欢拉平被子，还经常把书或者是装糖的盒子放在床上，这令我忍无可忍。

但是，我并不吼他，只是默默地把这些东西回归原位。当然，

一男一女，各有各的秉性，各有各的生活习惯。受不同的教育方式、不同的经济条件、不同的生活环境、不同的父母脾气和品性的影响，方方面面都有差异。所以，有时候确实会感到“很涩”。

没几日，他又卷土重来。我还是不厌其烦地将被子拉好，将东西归位。如此反复，令他感到不好意思。从此以后，他便不再把床弄得乱七八糟了。时间久了，他倒养成了一个好习惯。

在这种互相理解和体谅的过程中，我们的婚姻才一点点地和谐起来。无论男女，谁都会有这样那样的小毛病，这种时候，最需要的就是相互包容。争吵与赌气，必定会导致彼此心灰意冷，一段原本可以天长地久的婚姻,便轻易地夭折了。不能忍让对方，就像是拿着新钥匙使蛮劲，结果就会把钥匙弄断。

有一个朋友是跨国婚姻，两人一见倾心，不久就登记结婚。但是，由于文化的差异、语言的差异、地域的差异，双方存在着很多的麻烦问题。两个人都有不同的阅历、性格、经历，如今这个年纪又都有着自己很成熟的待人处事方式和原则，沟通起来会有很多的隔阂和成见。

所以，我每次都劝她，要有耐心、有信心。磨合的过程肯定是痛苦的，就如同你买了一辆新车，要耐心慢慢开一段时间，让车零件好好地磨合一下才行。婚姻的磨合更是这样的道理，它不可能是几天、几件事的磨合，而是许多生活态度、生活方式、生活习惯、为人处世原则方法的大磨合，这个过程可能几年、十几年，有时甚至可能是一辈子。所以，一定要耐心才好。

当然，沟通是最好的润滑剂。说出自己的理由，找出问题的所在，说出对方需要改正的地方，必要时甚至吵上一架。吵架并不代表感情的破裂，有时候是向对方表示自己的底线。当然也不能无休止、毫无缘由地吵，否则叫无理取闹，很伤感情。

有了沟通才有更深的了解，知道了彼此的真实想法，相互理解，就不会那么容易发生冲突。但“理解”并不等同于“认可”，对一个做法可以理解而并不赞同。夫妻之间，只要不是原则性的问题，都可以包容。

在婚姻里遇到问题，要多动动脑筋，多找找自己的原因，用一颗平和的心对待平平淡淡的婚姻，婚姻里的两个人才可以相互扶持，一起慢慢变老。

永远不要信男人养你的鬼话

在下班的路上，风雨交加，雨越下越大，伞根本没有什么作用，我的裤子几乎都湿透了，急匆匆地跑到幼儿园接孩子放学，小心翼翼地护着孩子，所以到家的时候，我自己的全身已经湿透了。顾不了那么多，换下衣服，给孩子煮姜汤，接着择菜做饭。今天实在是太疲惫了。

等到晚上休息的时候，先生明显地感到兼顾孩子和家庭双方的我有些疲惫，于是对我说："你还是在家里待着吧，我有能力养活你和孩子。"我知道他是认真的，也很感激他把我的辛苦看在眼里。我对他说："累是有一些，但我还是很乐意做这份工作。"

我始终认为一个女人应该有自己的一份事业，这样才能立足于婚姻的不败之地，才能不被婚姻所束缚。男人愿意养你一辈子，你可以接受他的态度，但是还是要自己养活自己。

待在家里就丧失了经济独立性，而谁都看不惯一个四肢健全却无所事事的人。丈夫在外工作，妻子每天都待在家里，与外界的联系就少了，慢慢地，两个人的共同话题就会减少。

有一个朋友对我说，自己的妻子婚后什么都不做，不用像其他同龄人那样朝九晚五地在外面打拼，可是他自己觉得有压力。

我问他：“你是觉得现在的经济能力不够养活她吗？”他说：“经济上倒还可以，只不过现在像是天天称个秤过日子，因为我们俩除了谈钱就没有什么话可说了。她现在只需要钱。我挣得多了，她高兴；我挣得少了，她就抱怨。我跟她说其他话题，不知道是她不感兴趣，还是她根本就接不上话。我可不希望她成为一个拜金女。”

张小娴说：“女人最好的投资是双龙出海，有自己的事业，然后再找一个好男人，上对花轿。”女人要有自己的工作，因为工作不仅仅是为了自己有一份收入，同时工作还是证明自己能力和社交的一个重要渠道。有工作的女人的精神状态一定好过一个整天忙于家务的主妇！

我有一位女友，做了几年的全职太太。有一年突然心血来潮，参加某大公司面试和笔试获得第一名，并得到了一个非常优越的工作机会。因为每天要考勤打卡，所以犹豫要不要出去工作。她的先生说每天接送孩子，看看电视剧，逛街购物，不是挺好的吗？何必天天折腾去工作呢？

她问我意见，我告诉她一定要去！尽管家里不差她的那份收入，但是等到孩子上了小学之后，你就会发现在孩子心里一个有工作的妈妈和一个待在家里的妈妈是完全不同的概念。朋友说不用等到上小学了，现在她女儿就很羡慕别的小朋友的妈妈有工作！后来她选择了去工作，一段时间后我再见到她，发现她整个人的精神状态都有了很大的变化，比以往更自信了，看着也漂亮苗条了很多。

职业对于女人来说不仅仅是一份收入，还是和爱人共同分担家庭重担的一分支持和理解，更是给自己一个提升魅力和能力的空间。

自己能够养活自己，也是婚姻的一种保障。男人爱你的时候，可以为你大手花钱，如果男人不爱你了，你能够自己养活自己，不至于走上社会后丧失了生存的能力。如果你现在的生活环境很好，衣食无忧，那么你完全可以找一份轻松的，自己可以胜任的工作。对于你来说，钱多钱少不重要，重要的是你具有让自己生存的能力，确保自己在脱离养尊处优的环境之后，还能够很好地生活。

简单生活中的精神自由

我是个爱生活、敢于尝鲜的人。为了给孩子做姜饼屋，我买了烤箱和一堆烘焙工具；为了家人吃得健康，我买了豆浆机、豆芽机、面包机、酸奶机；为了孝敬老人，我买了洗脚盆、按摩椅……有一段时间，由于工作忙而疏于家务，我又添置了一个扫地机器。最近北京雾霾严重，我购置了一台空气净化器。

先生不太赞成我的做法，我们时常会为了这些东西发生争执。我认为要提高生活品质，这些家用电器绝对不能少；先生却认为生活品质并不是靠这些物质的东西来创造的。越简单的生活，才会越轻松惬意。果不其然，家里的家用电器越来越多，这些我向来引以为豪的生活“好帮手”却让我渐渐感觉到是个不小的负担。有些东西刚买回来，兴致勃勃，热情高涨，可过了一段时间却发现不太实用，使用频率越来越低，最后闲置下来。

周六下午，我打算给儿子做翻糖蛋糕，因为过程比较烦琐，费时又费力。于是叫来先生和儿子“打下手”。爷俩却坚决地拒绝了我。要知道平时他们可是自告奋勇的。我非常不悦：“儿子，你不是最喜欢做翻糖蛋糕吗？”儿子：“妈妈，太麻烦了，如果做简单的我就帮你。”先生也发话了：“还是做饼干吧，简单又好吃。”于是，我们一家三口用了1个小时的时间，烤出了美味又可爱的动物饼干。看着儿子吃饼干的兴奋样，我体会到了简单带来的喜悦。

第二天，我收拾了家里闲置的物品，准备把不需要的送给别人。简化我们的生活从这些闲置品开始。当我们开始了一种简单生活，比较典型的想法是减少所有物。当然，减少娱乐活动也是同样重要的。无论是电视、报刊还是应酬，任何占用我们过多时间和注意力的事情，都应该清理掉。

自此，我们一家三口发现看书、聊天、散步以及尝试新爱好更容易让我们感到满足。这样的生活让我们真切地感到和家人在一起的时光甜蜜而美好。我和先生的沟通更为顺畅，因为孩子而产生的分歧都能很妥善地得到解决，而儿子和我们的亲密度逐渐增加！

生活被简单化，它本身才更容易被留意。抛开无关紧要的事情，我们能够将更多的时间、空间和精力集中于那些对我们更重要的事情上。

当我们为拥有一套大房子、一辆漂亮汽车而拼命工作，每天晚上在沙发上疲惫地倒下时；或者是为了一次小小的升职，赔尽笑脸，默默忍受上司苛刻的指责时；为了无休止的约会，精心装扮，强颜欢笑……我们是不是应该问问自己，这些真的那么重要吗？

我们总是把拥有多少物质享受、外表形象的好坏看得过于重要，用金钱、精力和时间换取一种别人眼中的优越生活，却没有察觉自己的内心在一天天变得枯萎。

我们需求得越少，得到的自由就越多。我们必须从清除身边所有物和琐事开始，认清我们生活中哪些是必须拥有的，哪些是必须丢弃的。

有人会认为，过简单生活就意味着辞去待遇优厚的工作，缩衣节食，勤俭节约过日子。其实这只是误解。如果你喜欢自己的工作，那就不要放弃，重要的是要做到收支平衡，不要让金钱给你带来焦虑。无论是中产阶级，还是收入微薄的工人，都可以生活得尽量悠闲、舒适。简单生活的关键在于你的选择和内心感受。

简单生活并不一定是物质的匮乏，但它一定是精神的自由；简单生活也不是无所事事，但却让心灵变得纯净。简单生活其实是一种全新的生活哲学。当你用一种全新的视觉观察生活、对待生活时，你会发现许多简单的东西才是最美的，而许多美的东西正是那些最简单的事物。

多一份真实，少一份虚假；多一份淡定，少一份焦虑；多一份快乐，少一份痛苦；多一份简单，少一份复杂。这就是我所追求的简单生活。

生活被简单化，它本身才更容易被留意。抛开无关紧要的事情，我们能够将更多的时间、空间和精力集中于那些对我们更重要的事情上。

Part 3

懒惰只会让污渍越积越多

“努力”与“拥有”是人生一左一右的两道风景。在人生的道路上，要想到达成功幸福的彼岸，需要在启程时努力奋斗一番。努力的同时也需要正确的方法以及他人的帮助。

做好准备才不会乱成一团

这几天，先生的远方表亲要来家里做客，之前我与他们没有见过面，这还是第一次。先生说，随便弄些家常菜就行了。我可不敢这样做，如果待客不周，也许我的形象会在亲戚那里大打折扣。

说好周日中午来吃饭，周六的时候我将房子里里外外打扫了一遍，顺便询问先生那几位亲戚身体怎么样，有什么忌口。我将需要购买的食材写下来，第二天一大早，就来到超市采购。

回到家中，将需要用的碗碟清洗干净，将食材准备好，一切也就不慌不忙地开展起来。最后，亲戚的评价自然很高。我相信凡事只有提前做好准备，事情才能尽善尽美。

书曰："居安思危，思则有备，有备无患。"做什么事情都要提前准备好，这是我对自己的要求。时间是最无情也是最公平的，不管你是在睡觉，吃饭，还是在干什么，它总是按照自己的标准一直在不停往前走。未雨绸缪，凡事要早做准备才能做到不慌不忙。

我有一个年轻的朋友外出旅游必定要准备一个小袋子，里面有腹泻药、感冒药、外伤药、速效救心丸、创可贴等。我常笑他像个老人家一样，他每次都严肃地说：不要小看这些药品，在人生地不熟的地方，很有可能出现身体不适，这些药品会解燃眉之急。

这位朋友的父亲患有冠心病，有一次出行之前带了平时要吃的药物，但是考虑不周，所带药品量不足，在途中出现了无药可吃的窘境，他父亲的身体频频出现不适，他很担心，就把行程取消了，在半途中把父亲送往了医院。没有想到只是少带了几片药，就引来了这么多的麻烦。所以，以后每次出门他都要带一些常用药备用。

生活中，做好准备，才能自信地面对一切，享受具有挑战性的舞台。丹尼尔·韦伯斯特曾说，如果他不做好准备就出现在听众面前，就像是没有穿衣服一样。无论是生活中还是工作中，尤其是一些很重要的考试、会议、演讲，我们更要提前做好准备。这就好像两军对垒打仗一样，事先有准备的一方，军士经过一番训练，有了思想和精神准备，身心和体力都有了很大的提高，那么他们的士气也必然高涨，打起仗来就会勇猛无比，胜利必然属于他们；而没有做准备的一方，临战时匆忙排兵布阵粮草不济，士气全无，怎能取胜呢？

小林要在公司会议上发表一番演讲，因为事先没有准备，所以他根本不知道说什么。尴尬中，他从口袋里掏出一个笔记本，然而笔记非常杂乱。他手忙脚乱地将笔记本翻来翻去，但没有找到有用的东西，因此说话时就更加尴尬而笨拙。

时间一分一秒地过去，小林越来越紧张，也越来越不知道该说些什么。他不停地向大家道歉，还想从笔记里找出一点头绪来。本来想喝口水润润嗓子的小林却把一杯水全洒在了桌子的文案上。最后，他只好坐下来。

小林是我以前的同事。他做事总是没有规划，他的糗事常常成为我的反面教材。

没有认真的准备就等于在准备失败，在这个世界上没有任何一件事熟悉到我们可以立刻去做，人生的道路上很多机会只有一次，在做事之前做大量充分、细致的准备，才能自信地走过。只有在做好准备的前提下，人的潜能才会被激发出来。工作中，我们所看到的那些奇迹和游刃有余都是在一切都准备好的情况下，瞬间被激发出来的能量。

我们做什么事情都要有目的性，这个所谓的目的性，就是做什么事情都要有规划。当我们不太紧张的时候，当我们静下心来的时候，就要为自己的计划多做一些预备工作，多思考一些具体环节和存在的问题，以及解决问题的办法和方式。这样做的好处就是，我们正式做事的时候，不会感到无所适从，而且自己也有了精神准备，就减少了心理的压力，就会使自己感到轻松了。

有人说，规划你的未来，就是你一生的指南针。没错，如果能够做到这一点，做什么事情都有“未雨绸缪，有备无患”的思想,你就能够成功。每个人都希望成功,成功不是轻而易举的事情,成功需要准备。也许我们没有先天的优势，没有父辈传承下来的产业，没有过人的头脑，更没有娴熟的手艺和精湛的技术，但只要准备充分，等待机会，就一定会成功。

只有尝试过的人才有发言权

第一次吃榴梿的经历让我记忆犹新。之前因为身边的人都说榴梿是世界上最难闻、最难吃的东西，所以我一直不愿尝试，也一直对外宣称：榴梿是世界上最难闻、最难吃的东西。

然而，我是个好奇心很重的人，对于从来不敢尝试的榴梿还是蠢蠢欲动，有一次就买了一小块，闻起来很臭，没想到尝起来却很香甜，而且口感糯软。原来我被众人骗了。后来，又了解到榴梿的果肉含有丰富的维生素，营养价值很高，让我更加青睐它，当年的一套说辞再也不敢拿出来。

尝过才有发言权，这个世界上很多事情都可能欺骗我们的眼睛和耳朵，当我们没有亲身经历时，我们就很容易相信那些错误的信息。

我有一个好朋友，年轻的时候选择到韩国留学，因为从电视剧上看到韩国处处都是高楼大厦，豪宅别墅，韩国的女人打扮得漂亮，穿得时尚，因而打心里认为韩国是个非常好的国家，非常现代，韩国人非常和蔼亲切……到了韩国不多久，她打电话聊天时对我是大放苦水，说自己被骗了，因为韩国根本不是电视里描述的样子，跟电视剧中相差很远。更为可笑的是，有一次她在家看电视，正好演张艺谋的《一个都不能少》。有一个韩国朋友就问她："你在中国的时候，上学也要爬山吗？爬几座啊？"因为在韩国所播放的中国电视剧，不是七八十年代拍的古装片，就是农村题材的片子，结果韩国的朋友也以为这是真正的中国。

面对同一个人，可能有人说他好，好在乐于助人，好在心地善良；也会有人说他坏，坏在办事拖拉，脾气暴躁。但是，你只有真正同他交往了，才能断定他是怎样的人。

在这个世界上，真相只有一个，可是在不同的人眼中，却会看出不同的是非曲直。这是为什么呢？其实，道理很简单，因为每个人看待事物，都不可能站在绝对客观公正的立场上，而是或多或少地戴着有色眼镜，用自己的经验、好恶和标准来进行评判，结果就是——看到了假象。

再说一个流行很长时间的"传话游戏"，几个人站成一排，

有时候，耳朵也可能欺骗你，你听到的并非就是真相，可能是别人以讹传讹的结果。

第一个人先看一个答案，然后将答案用肢体语言描述给第二个人，再一个一个传递下去，最后一个公布答案，却发现与谜底大相径庭。错误的传递会给人错误的信息，也有很多流言因为传播的人多了而更像事实。而真正的事实只有当事人心里明白。有时候，耳朵也可能欺骗你，你听到的并非就是真相，可能是别人以讹传讹的结果。

不要轻信别人所说的，也不要人云亦云，凡事还是亲身经历了才最有发言权。东西好不好吃，尝过了才有发言权。

徒手劳动很容易伤手

都说手是女人的第二张脸，一双修长、细腻、红润的纤纤玉手，给人以健康、纤柔、灵巧之感，更添女性魅力。有人说："纤细之手多柔顺，尖长之手总缠绵，短粗之手表直率，糙大之手表勤劳。"我很赞同这样的观点。我也一直很注重双手的保养，我在佩戴手镯、手链、戒指、指环的饰品的时候也非常自信。

然而，当一个女人组织家庭后，这双纤纤玉手必然要"回归"到家庭劳动中。做饭、刷碗、拖地，一不小心双手就会变得粗糙。而且手又比身体的其他部分更能显示出年龄的痕迹，我从心里厌烦双手粗糙的感觉。为了不让双手过早"衰老"，每次刷碗、洗衣服，我都要带上胶质手套，这样可以把手和碱性水隔绝开来。我也从不用钢丝球，而是选择用清洁能力较强的洗涤剂除污。

徒手劳动必然会伤到手，必要的时候一定选择相关的工具。

同样的道理，聪明的人总会借助工具来实现自己的成功。手洗衣服既慢又费力，用洗衣机就不同了；用刀切土豆丝很困难，用专门的器具就完全不同了。一个人的条件或能力毕竟是有限的，如果能借助外力的作用，就像是四两拨千斤，轻而易举。

一个小男孩在玩具沙箱里玩耍，沙箱里有一些玩具小汽车、塑料水桶和一把亮闪闪的小铲子。他要在松软的沙子上修整公路和隧道。

他在沙箱里发现一块很大的岩石。小家伙开始挖掘岩石周围的沙子。他是一个很小的男孩子，而岩石却相当大。他手脚并用，似乎没费多大的力气，便把石头移到沙箱的边缘，不过，他这个时候才发现，他无法把岩石向上滚动翻过沙箱边墙。

男孩下定决心，左右摇晃，一次次向岩石冲击，可是每当他取得一点成绩的时候，岩石就滑脱了，重新掉回箱子。他的小手被岩石磨得发红。

男孩急得“哇哇”直叫，使出吃奶的力气又推又挤，但是他得到的唯一结果就是岩石再一次滑了下来。这次还砸伤了他的手指，他伤心地哭了起来。

整个过程，男孩的父亲从休息室的窗户看得一清二楚。当泪珠滚过孩子胸膛的时候，父亲来到了他的面前。

父亲坚定有力地问他：“儿子，你为什么不用上你所有的力量？”垂头丧气的小男孩抽泣道：“但是我已经用尽了全部力量了。”“不对，儿子，”父亲亲切地说：“你并没有尽自己的全部力量，你没有请求我的帮助。”父亲弯下腰，抱起石头，将岩石搬出沙箱。

一个人的能力是有限的，有些时候我们要学会“利用”他人的智慧和力量，学会利用别人的经验和成功。人类的进步其实也是在利用前人的成果上不断发展起来的。

这让我想起荀子在《劝学》中的一段话："吾尝终日而思矣，不如须臾之所学也。吾尝跂而望矣，不如登高之博见也。登高而招，臂非加长也，而见者远；顺风而呼，声非加疾也，而闻者彰。假舆马者，非利足也，而致千里；假舟楫者，非能水也，而绝江河。君子生非异也，善假于物也。"

一个有所作为的人是善于利用各种资源的，这其中当然包括利用工具以及他人。

牛顿说："如果说我能看得更远一些，那是因为我站在巨人的肩膀上。"可见，他利用了前辈或同辈的知识。刘备说，他得到了诸葛亮，如同鱼得了水一样。刘备能在三国鼎立中有一席之地，是因为他利用了诸葛亮的智慧。站在巨人的肩膀上你会看得更远，利用他人的智慧做事情你会事半功倍。

一个很有才能的人可能因为时间不充足、精力有限而不能完成一系列的工作，这时候一个群体的力量常常比他更强大，众人拾柴火焰高，大家分工协作，更能够实现自己的愿望。

懒惰只会让油污越积越多

每周一次的"家庭整理日"又到了，我很轻松地将客厅和卧房的地面、桌面清理了一遍。等到清理厨房的时候，我发现问题大了：抽油烟机的网罩由于平时疏于清洗，上面积了厚厚的一层油，我挥动着胳膊，来回好几十个回合了，可效果不佳。

我想，一定有人和我有着同样的体会，对厨房的污渍是恨之入骨，可转念一想，这也是自己长时间积累下来的。网罩平时清洗的次数少，所以油渍越积越多，到最后要下“磨铁杵”的功夫才行，那样做不仅累人，也影响情绪。其实，对于这个“油渍重灾区”我早就留意到了，只是每次清洁厨房的时候都懒得动手去将它卸下来清洗。如果平时少偷些懒，多做一些，抽油烟机就不会难清理了。

在现实生活中，这样的事屡见不鲜：信用卡账单一定要拖到最后一天才想起没还款；堆成小山的脏衣服想洗却一直没动手；约了朋友吃饭，却发现已经到点了自己还没找到合适的衣服；明知马上要交策划方案，却还在玩网络游戏、给博客贴照片、在各大论坛看帖子，直到最后一刻才不得不开始工作；白天本来可以完成的工作，一定要耗到晚上，甚至耗到第二天早晨……

朋友聊天时发了一个笑话给我：今晚又要开工了。我从傍晚时分开始酝酿感情。先吃了一碟瓜子、一个鸡爪、三个巧克力派，喝了两杯酸奶。回到房间，沐浴更衣。擦一遍爽肤水，擦两遍润肤露。往房间里喷一点香水，泡了一壶玫瑰花茶，花十分钟啜饮。打开空白 Word 文档。闭上眼睛，深吸一口气，感觉灵台空明，心平如镜。然后，睡着了……

其实，这个笑话真是我一个朋友的生活写照。这个朋友是媒体时尚专栏的撰稿人，她每次都拖到最后一天的最后一分钟才交稿，甚至到了交稿时间才发现自己写不出来。每天给自己冲杯咖啡，打开一个 Word 文档，就开始看朋友的博客，收菜，泡杯茶，和 QQ 上的朋友聊会儿天，一晚上不知不觉就过去了，写稿时间却一拖再拖。其实总被领导催稿的滋味并不好受，可是她却总也走不出这个怪圈儿。

这样的人有一个共同的症状：“拖延症”。很多人都有过这样的经历，明知道事情很重要，可就是提不起精神，磨蹭来磨蹭去，到了最后时刻，才开始紧赶慢赶，匆匆忙忙完活。

患了“拖延症”的人，无论生活还是工作，都要拖到最后才会开始。把所有的工作都堆到最后，会给自己精神上造成很大的压力。领导交派给你一项任务，一个月内完成，工作的挑战性并不大，对你来说十分轻松。就是因为轻松，你不屑于去做，每天都泡在论坛和 QQ 上，等过去半个月了，你开始着急去做，生怕完不成任务，如此着急，就算是完成了，也差强人意。如果每天做一点，循序渐进，工作很轻松就可以完成了。

拖延问题并不能彻底解决问题，不要把事情都堆积到某一天去做，那样做不彻底，而且劳累。最好的办法是马上启动。随时提醒自己：不要被惰性所控制。

发现问题后立即解决，且今日事今日毕，这种感觉本身就能很好地缓解压力。有选择地而不是被动地接受所面临的各种事情，在做事情的时候会让我们感觉更加轻松。

懒惰和拖延只会让问题越积越多，越多越懒得去做。小麻烦越积越多，会变成大麻烦。

习惯拖延就会阻碍一个人的成功。成功属于谁？成功属于那些勤奋努力、充满自信、充满热情、锲而不舍的追求者。他们永远全身心地投入、永远保持着高度的热忱，从不懒惰和拖延。因为他们深知，只有改掉懒惰和拖延的坏习惯，才能快速行动起来，才能离成功越来越近。

今晚又要开工了。我从傍晚时分开始酝酿感情。先吃了一碟瓜子、一个鸡爪、三个巧克力派，喝了两杯酸奶。闭上眼睛，深吸一口气，感觉灵台空明，心平如镜。然后，睡着了……

先了解自己的需求再借鉴别人的经验

朋友最近想要换套大点的房子，大面积的房子倒是很好找，就是在楼层的问题上有些犹豫。有一个朋友说住在高层比较好，安静又干净，采光十分好，冬季的时候满屋子都是温暖的阳光。朋友听后十分动心，因为他也是个爱安静的人。几天后，朋友看中了一套在六楼的房子，从不拖泥带水的他当即就下了决定，交了定金。

可是他忽略了一个问题：自己的孩子只有两岁，需要自己60多岁的母亲来照顾，孩子在家里待不住，时不时都要出去玩耍，这让母亲很苦恼，他看在心里也不好受。最后只好决定定金不要了，再次换房子。

听到朋友的讲述，我想起自己在小时候接触到的一个故事：小马过河。老牛的经验告诉小马：河水很浅，容易过去，很安全，可以过河；松鼠的经验告诉小马：河水很深，会淹死人，很危险，不要过河。它们的经验都不适合小马，只有自己亲自去尝试才能了解事情的真相。

我身边有很多这样的例子：朋友看到别人开饭店挣了大钱，自己也跟着开一家饭店，最终却赔钱；看见别人开服装店搞得很红火，自己于是跟着去做，但自己的店里就是没人光顾；看见别人做房地产成了亿万富翁，自己也铺开摊子干，结果搞得自己倾家荡产不说，还得像过街老鼠一样到处躲债；看见别人做书商，出了几本书，便又买汽车又买房，自己于是也做书，结果一本也卖不出去。

其实，每个人都有自己的才能，也有自己固定的关系网，更有自己特定的性格，而成功者在选择项目和确定经营方式时，会注意使各方面都适合自己特点。你和他们主客观条件都大相径庭，怎么能生搬硬呢？

传说州官倪寻和李延一同到华佗那里看病，两人诉说的病症相同：头痛发热。华佗分别给两人诊了脉后，给倪寻开了泻药，而给李延开了发汗的药。

两人看了药方，感到非常奇怪，问："我们两人的症状相同，病情一样，为什么吃的药却不一样呢？"华佗解释说："你俩相同的，只是病症的表象，倪寻的病因是由内部伤食引起的，而李延的病却是由于外感风寒，着了凉引起的。两人的病因不同，我当然得对症下药，给你们用不同的药治疗了。"

两个人看似情况相同，但是发病的原因却不同。有时候即使发病的原因相同，但由于身体的素质有差异，医生在配药的时候也有差异。这就叫"对症下药"。每个人都是不同的个体，放在别人身上的经验不一定就适合你。

向他人学习，这是每个想要获得成功的人都要经历的。但必须明白一点，从别人的经验里学习一些东西是可以的，但千万不要将别人成功的做法生搬硬套地运用在自己的身上。因为天下任何事情都有它自身的特点，别人的办法可能只适合他自己。因此，对于别人的经验和办法，一定要抱着一种警惕的心态去接受它。

学习别人的前提就是认清自己。工作的时候可以听取身边人的意见，但也要分析自己的性格特点、爱好特长、专业特点，进行合理的职业规划，有的放矢，扬长避短，进行正确地职业选择。

就像买房子，一定要认清自己的需求，每个人的需求和能力是不一样的。我的朋友买房子就是为了方便老人照顾好孩子，如果认清了自己的这一需求，就不会听信朋友的建议造成再次换房的结果了。

在人生的道路上，我总觉得，只有经过自己亲自验证、能真的做到并达到效果的东西，才是自己的。否则，那些技巧再好，再炫，都是别人的，只能旁观，而不能使用。

成功也是讲究火候的

一名好的厨师要做出十分美味的菜肴，一分是烹饪方法，三分是烹饪火候，三分原料，三分感情，而火候是其中最难把握的。有好的原料、辅料、刀工，若火候不够，菜肴不能入味，甚至半生不熟；若火候过了，会糊焦。恰当的火候才能使菜肴鲜嫩爽滑。

炒青菜人人都会，色香味俱全可不是每个人都能做到的。热锅、滚油、急火、快炒，才能减少维生素的流失，淋上油的青菜看起来更加青翠欲滴。

烹饪讲究火候，就如同做事要讲究分寸一样。我们不管做什么事，都要恰到好处。就像优秀的歌手在热情地歌唱时，情真而又能自持。大千世界，古往今来，任何事都离不开“分寸”二字。人际关系需要把握分寸，成就事业需要把握分寸，推进工作需要把握分寸。

俄国作家克雷洛夫写过一篇著名的寓言，叫《杰米扬的鱼汤》。

大意是：杰米扬十分好客。有一天，一位朋友远道来访，杰米扬非常高兴，亲自下厨熬了最拿手的鱼汤来招待朋友。朋友喝了第一碗，感到很满意。杰米扬劝他喝第二碗，第二碗下肚，朋友有点嫌多了，但觉得还能接受。可杰米扬没有觉察，仍然一个劲地“劝汤”，第三碗、第四碗……朋友终于忍无可忍，丢下碗拂袖而去。

做任何事情都不能超过限度。鲜美的鱼汤无疑是佳肴，但过了量，就会适得其反。所谓“过犹不及”，再好的东西，也要“适可而止”。一个人再爱喝咖啡，也不能喝太多，否则，就不是用来提神，而是用来伤害自己的身体。做人做事都不可太“过分”，胆大过度可能是鲁莽，执着过度可能是固执，自由过度可能伤及别人……但凡做事之前，多做思考，三思而后行。

但是，做事也要做到位。很多人的失败，都是因为做事情不彻底，往往做到离成功只差一步就停下来。

一位远房亲戚带着一脸的委屈和迷茫跟我诉说他失败的“奋斗史”，从公司辞职后，他发誓要依靠自己的努力干出一番事业来。这几年，他先贩卖蔬菜，可是做了一年以后，因为赶上几次雨天青菜腐烂赔本的事情，就改做开服装店，但是服装生意需要很多的流动资金，他没有太多资金支持，不久就又放弃了。

再后来，他和一个朋友投资开了一家公司，以网络为平台，出售生活用品。网络销售竞争激烈，坚持了一年，把投资彻底赔光之后，他再次放弃了。他说，折腾了几年，自己不仅一无所有，而且还欠了一屁股债。

据我所知，原来与他一起贩卖蔬菜的那个人，现在仍然在做蔬菜生意，而且已经顺风顺水了。跟他一起做网络销售的人也很成功。我说，你失败的原因就是不论什么事情总是浅尝辄止，遇到一点儿小挫折就放弃。其实，很多时候，你离成功只有一步之遥。

要知道，成功也是讲究火候的。

没有不会做的，只有不想吃的

上个周末，我跟先生到社区最大的菜市场买菜，平时想吃的菜几乎都能在那里买到。

买完了蔬菜，我们去鲜鱼区转转，想买条鱼回来吃。其实，我们几乎每天都在家做饭吃，而每顿吃的菜不过是肉炒扁豆、鲫鱼炖萝卜、炒油菜之类，再煲个简单的汤，就连武昌鱼也没买过，因为我们不会做。这次本想也买条鱼回来，做个“萝卜丝鲫鱼”、“水煮鱼”（超市卖水煮鱼调味料，加水，下鱼即可）之类的，但看到鲜鱼区除了有鱼外，还有牛蛙、螃蟹、鳝鱼、甲鱼等。看样子，好吃的东西还多着呢！

我突然想换换口味，想吃牛蛙。于是跟先生说，我们买点牛蛙吧！先生说：“不会做！”我们确实从来没有做过牛蛙，怎么做？我的脑袋里迅速地猜测和幻想这道菜该如何做，大不了跟炒猪肉一样，炒熟了吃，它总归应该是牛蛙味吧！

看样子，先生也想吃牛蛙。他没有反对，站在牛蛙面前挑来挑去。好，就买它了。

于是，两个人买了一斤牛蛙回家，到网上找食谱，按食谱步骤操作，洗净、切块、下油锅、翻炒，加莴笋以及自制的剁辣椒，再翻炒，出锅。

先生在客厅对我口述网络上的食谱操作过程，我在厨房实地操作。晚餐桌上，一盘香喷喷的炒牛蛙就诞生了。满满的一盘，比我们想象中的味道还要鲜美，而且比花同样的钱在饭馆吃同样的菜实惠多了。两个人美美地吃了一顿。

这个周末，又到了我们买菜的时候。我们买了蔬菜和肉类，再到鲜鱼区，还是那个商贩的摊位前，牛蛙、甲鱼、螃蟹、鳝鱼等，一应俱全。这次，我想尝尝鳝鱼味了，好多年没吃，都忘了什么味道。我问先生，想吃鳝鱼吗？“不会做！”这个回答，他依然脱口而出。我尝到了上次牛蛙的鲜美味，仿佛也悟出了一个道理，于是，像个老者一样，对他教诲道：“世界上没有不会做的菜，只有你不想吃的菜！”这句话仿佛脱口而出。

他会心一笑。好吧，买鳝鱼一斤！摊贩称完，破鳝，装袋，动作极为迅速。我看看后面玻璃缸中的螃蟹，对摊贩说：“上个礼拜我们买了你家的牛蛙，下个礼拜我们该买螃蟹了！”

回家后，依然到网上找食谱，按食谱操作，依然饱食一顿。

以后想吃什么，千万不要说什么“我不会做”，“我做不好”，只要告诉自己“我想吃”就行了。想吃就能吃到。世界上没有做不好的菜，只有不想吃的菜。同样的道理，世界上没有做不好的事，只有不想做的事。

想到就能做到。一件事情是成功还是失败，完全取决于你心中的想法，取决于你对这件事的动机是否强烈。只有动机强烈，你才能全身心地投入到这件事情之中去，才能充分体会和完成这件事情。重要的不是这件事情是什么，而是这件事情是否是你想做的。

不管做任何事情，你的心中都要有一种向往，或者说是一个动机，你想前进，你想做自己愿意做的事情，你想释放自己心中的想法和愿望。“世上无难事，只怕有心人。”失败者看到的是问题，而成功者想到的是方法。成功者坚信方法总比困难多。

敢想敢做的人，做事一定会成功。人生中有很多美好的愿望和想法等待着我们去努力实现，在风雨中百折不挠勇往直前，在人生的每个驿站上留下一段段不悔的回忆。流泪不是失落，徘徊不是迷惑，成功属于那些战胜失败、坚持不懈、执着追求心中的想法而又异常自信的人。

晒被子，别错过了好天气

南方多雨。回江南度假一个月，没想到大部分时间都在下雨。身边的朋友打趣道："问晴为何物，直叫人湿身相许。"今天早上拉开窗帘，终于看到了久违的阳光，没顾得上高兴，我赶紧回房间把被子统统搬到外面去晾晒。晴天的机会不可多得，错过这个好时机又不知道要等多久了。

好时机来到的时候，一定要好好利用，这道理实在明显不过了。大千世界，不能预知的机会可能随时会降临到某个人身上。但有的人可以抓住时机，有的人则视机会如敝屣，白白地丢弃。

人的成长成才，就像一场足球比赛。一场比赛大部分时间足球队员在场上传球带球，很难分出胜负，干什么呢？等待机会，寻找机会，创造机会，争取进球。有的球队，场面很好看，得势不得分，另一方场面很一般，甚至很被动，但抓住机会一个反击，就进球了。

机会并不意味着成功，却会带来通往成功的路，怎么走，便

今天早上拉开窗帘，终于看到了久违的阳光，没顾得上高兴，我赶紧回房间把被子统统搬到外面去晾晒。

要看你自己。这条路崎岖且荆棘丛生，但是，只要你有充分的准备，已经打好了行装，只要你心中自信满满，早已无所畏惧，那么，沿着这条路走下去，你一定会迎来成功的曙光。

当机会真的来到我们身边时，我们准备好了吗？梦寐以求的机会真的被你拥有时，措手不及恐怕是许多人的第一感受。如果你没有能力，如果你不具备成功的素质，即使给你再多的机会也是枉然，你只能眼睁睁地看着机会离你而去！所以充实自己，为成功而不懈地努力，当机会走近你时，你便可以自信满满地抓住它，为机会随时做好准备！

俗话说得好："弱者等待时机，强者创造时机。"因循等待是人们失败的最大原因，徘徊观望是成功最大的敌人。许多人因为对已经来到面前的机会没有信心，就在犹豫不决的时候把机会给错过了。

有这样一个故事：曾有一个人很虔诚地向上帝祈求得到一笔财富、卓越的地位以及一位漂亮的妻子。上帝承诺会给他机会。可是这个人穷困地过了一辈子，最后孤独地死去。死后，当他到天堂见到上帝后，不停地抱怨上帝欺骗了他。他说："你说过要给我财富、地位和漂亮的妻子，可我等了一辈子，你却什么也没给我。"

上帝回答他："我只承诺过要给你机会得到财富、一个受人尊重的社会地位和一位漂亮的妻子，可是你却让这些机会从身边溜走了。"他不明白。上帝继续说："你记得你曾经有一次想到过一个好主意，但是你因为害怕失败而放弃了行动吗？"这个人点点头。

上帝继续说："因为你没有行动，这个好主意最后被别人采用，那人获得了成功最终变成了全国最有钱的人。"这个人听了觉得有一些遗憾。接着他又问："你没有给我获得地位的机会。"

上帝解释说："有一次发生了重大灾难，城里的房子都被毁掉了，你有机会去拯救别人，但是你因为担心自己的财产会在混乱中丢失，而守着自己的财产不去拯救需要你帮助的人。那次机会本来可以使你在城里得到很大的荣耀和地位。"这个人听了不好意思地低下了头。

上帝继续说："你还记得曾经有一个漂亮的女人几次经过你的家门，你被她深深地吸引住了吗？"这个人回答，确实有那么一个女人。上帝说："你喜欢她，却从来没对她做什么，因为你认为她不会喜欢你，你害怕被拒绝，所以你忽视了她。她本来就是我为你安排的漂亮妻子啊！"

当机会来临的时候，我们无动于衷，遗憾的是"机不可失，时不再来"，千万别让机会像流云一样从你面前飘然而过，以至于到老时仍然两手空空。机会来时要当机立断，充分把握，这样人生才会充实，才不会留下遗憾。

能够改变的只有你自己

周末和几个朋友小聚，谈得最多的就是"婆媳关系"这个恒久不变的话题。

我婆婆是北京卫视《养生堂》的忠实粉丝，每天下午戴上老花镜，备好纸笔，准时守候在电视机旁观看这个节目。每周回婆婆家，她都会总结一周的养生要领，还要求我们按节目里的方法去做。

早上看到我刷牙时先把牙刷沾了水再挤牙膏，婆婆马上要我重新挤牙膏，说是节目里说了不能沾水，要干刷。婆婆还要求我穿着袜子睡觉，我说我上班穿一天高跟鞋，晚上让脚好好放松放松，穿袜子会影响血液流通，怎么能穿着袜子睡觉呢？可是，婆婆听了就很不高兴，说我不相信科学，不相信专家。类似的事几乎每周都发生，有时候我真的很无奈。

女人嫁人后，都会碰到婆媳矛盾这个令人头疼的问题。媳妇与婆婆最大的矛盾无外乎有以下三种：

第一，媳妇与婆婆因生活习惯不同而产生矛盾。两个家庭，生活习惯不可能完全一致，也不是一朝一夕可以磨合得了的。只有靠双方的宽容和理解才能达成一致。作为儿媳，在很多时候，应该尊重婆婆。毕竟老人的人生阅历较为丰富，一些长久的生活习惯不可能马上改变。所以，理解与宽容是最好的良药。

第二，认为丈夫对婆婆太过孝顺。俗话说："百善孝为先。"有情有义有孝道的男人自然坏不到哪里去，作为妻子应该为拥有这样的好男人而自豪。如果作为儿媳，你也能支持丈夫的这种行为，将心比心，丈夫也同样会孝敬你的父母。

第三，因为孩子的教育问题产生矛盾。这是一个非常普遍的问题。年轻的父母因为工作繁忙，无暇照顾年幼的孩子，只有请公公婆婆帮忙。老一代教育思想与理念和现代80后父母完全不同，如果双方都坚持自己的那一套，就会引发家庭矛盾。其实，都是为了孩子，只要相互沟通，又有什么问题解决不了的呢？

小狄结束了一天忙碌的工作后，急匆匆地赶回家，却发现九个月大的孩子浑身脏兮兮的，光着屁股在地上爬来爬去，自然心生不满了。而婆婆却在厨房忙着做饭，对这一切仿佛视而不见。

小狄认为婆婆是个马虎大意的人，对于孩子的个人卫生问题照顾不周。

“我真的要气死，这不是一次两次的事情了！”小狄说。可是她每次总是不发一语地把孩子抱去洗澡，收拾好孩子的玩具。我说：“你为什么不跟婆婆谈一下这个问题呢？”小狄说：“我觉得说了也没用，多一事不如少一事。”

很多家庭矛盾往往是一些很小的问题引发的，如果处理不当就会引发大的矛盾。婆媳矛盾是相互的，我们不能把婆婆变成自己理想中的婆婆，唯一能改变的只有我们自己。

我对小狄说，照顾孩子并不是婆婆的义务，孩子是你和丈夫的。不管婆婆的教育观念如何，做的是否到位，首先你们都应该感谢婆婆的付出。而且对于老人来说，这么多年来形成的生活习惯很难改变。如果你嫌孩子的卫生不到位，你可以自己花更多的时间来照顾孩子，给孩子创造干净卫生的生活环境，也让自己做一个好的榜样。你这样做有很多的好处：第一，增强了自己的责任感；第二，改善了孩子的卫生状况；第三，减少了婆婆的负担；第四，或许婆婆会受到你的影响做出一些改变。

在与婆婆相处的时候，有些人固执己见，不愿倾听、尊重别人的意见，缺乏足够的自我批评精神。这个时候就要学会合理地让步。让步不仅对事情的发展和问题的解决有益处，也会赢得婆婆的好感和家人的理解。

我们不能改变别人，只能改变自己。不能改变事情，就改变对事情的态度。只有先改变自己，才会最终得到属于自己的和谐家庭。只有改变自己，才会最终改变别人。

△ 如果你嫌孩子的卫生不到位，你可以自己花更多的时间来照顾孩子，给孩子创造干净卫生的生活环境，也让自己做一个好的榜样。

Part 4

得罪一家等于得罪所有家

良好的人际关系是一个人心理正常发展，个性保持健康和生活具有幸福感的重要条件之一。在一种舒畅、快慰、自由的状态中，人们思想感情上的交流能使彼此从中吸取力量和勇气。

从人情共享到资源共享

最近小区要举行端午联谊活动，我和几位年轻的妈妈不能像以前那么悠闲了。早上送完孩子上学，就急匆匆地去居委会那里计划联谊活动的内容。

有朋友对我们小区的活动感到好奇：现在小区邻里间根本都不打招呼，怎么你们小区还要在一起举办活动呢？听到这话，我也由衷地感到自己生活在这个和谐的小区很幸福。小区的联谊活动由20多位年轻的妈妈共同筹划。小区刚刚开了韩语、日语、英语等几个语言班。担任老师的都是这些全职太太们，甚至还有一位久居国外的业主把一套住宅贡献出来，暂时作为社区联谊活动的场地。

我对朋友说，我们小区邻里之间不仅仅是见面打招呼这么简单，也不仅仅是谁家有困难就去帮忙那么单调。我们已经将以前的“人情共享”转为“资源共享”了。

我们小区有很多“能人”，有从事舞蹈、钢琴、美声职业的人，也有律师、工程师、医生。虽然大家未必每天都见面，但是在QQ群里，都很热衷用自己的知识来帮助邻居，律师愿意提供免费咨询，医生给病人提供专业意见，而一些全职太太在小区中扮演起“楼长”式的新型义工角色……社区邻里的关系越来越融洽。

以前，住在小区的一个外国人，经常在家举行派对，把音响开得震耳欲聋，保安对着他比画了半天也没说清楚。从事律师职业的一个业主看到了这个场景，就自己拟定了一份中英文对照的温馨提示，还列举了一些法律条款。这个业主把温馨提示打印出来后交给保安张贴，同时也方便他们在处理此类问题的时候使用，这种情况改善了不少。

大家有一些法律上的盲点就去请教这位业主。后来，我和大家商量，干脆组织一个小区“创建文明楼组”的会议，他也十分乐意提供免费的法律咨询。

其实，不只是我们这个小区，每个人所在的小区里都有各种职业的人，一个好的邻居是一种财富，更是一种享受。只要彼此信任，都可以享受这种免费的资源了。

当然，也并不是所有的邻居都能够达到这种境界，这需要邻里之间相互沟通，相互了解，彼此信任。但是，现在小区邻里之间的交往很少，基本上是“老死不相往来”。

记得以前，在老式里弄里，每户人家都有个百宝箱，谁家要是保险丝断了，只需在弄堂里吆喝一声，就有人家贡献出保险丝，技术活拿手的就直接上门帮忙。在那个物质匮乏、服务匮乏的年代，远亲不如近邻的互帮互助让邻居间关系变得十分亲密。

而现在，生活基本不用求人，住房的私密性让人们提高了彼此间的警惕性，很多需求和服务也都通过商品化的方式满足，邻居之间也就少了认识的渠道。

要想实现邻里间的“资源共享”，首先要做到的还是“人情共享”。一直以来，我都十分渴望多结识邻居，与他们成为互惠互助的好朋友。我尝试过做小区论坛版主，以便获得更多与邻居认识的机会。但后来，我发现最佳的方式还是敲开邻居的门，进行面对面的交流。

我们小区邻里之间不仅仅是见面打招呼这么简单，也不仅仅是谁家有困难就去帮忙那么单调。我们已经将以前的“人情共享”转为“资源共享”了。

我让儿子主动认识小区里和他年纪相仿的小朋友，并鼓励他去敲邻居的门，和小朋友一起玩耍。我和邻居的关系越来越好。

敲开彼此的门，多打照面，人情才会更浓。不是有这样一则新闻吗，为了和邻居搞好关系，有位业主主动去敲邻居的门，她挨家挨户敲门征询业主对于更换路灯的意见，并与许多此前不认识的邻居有了初步的接触和印象。全部征询过程耗时两个多月，后来大家都慢慢地熟悉起来。

不管是邻里之间还是同事之间、朋友之间，只要处在同一个圈子内，就难免会有联系。你对我好，我自然对你也好。中国人讲究礼尚往来，一来二去，关系熟了，就成了好朋友，取得彼此的信任。相处的时候，不仅可以分享人情，还可以分享彼此之间的知识、人际等资源。但最重要的是先敲开对方的家门和心门才对。

盲目施与也是一种错

几个朋友在一起聊天，讨论家里的旧衣服应该怎么处理，有的朋友说送给自己的邻居，比较方便；有的朋友说寄往灾区，也算是做好事了。小林一听这个话题，就肯定地说："最好是寄往灾区，因为他们需要，所以不会嫌弃你丢掉的衣服。你要是送给关系不怎么样的亲戚或者是邻居，他们可能还不乐意要呢，反正我是很反感别人送衣服给我。"

小林说，自己就是因为嫂子总送衣服给她而很郁闷。在小林跟丈夫谈恋爱时，她的未来嫂子就已经很喜欢她了。嫂子四十多岁，在农村是妇女主任，很能干也很会过日子。嫂子对她的好一方面就体现在喜欢将自己不要的衣服送给小林。嫂子经常在村里、县里、省里开各种各样的会议，主办单位会发一些生活用品，比如床单、被套、鞋子、衬衣等。有时候嫂子的朋友也会送一些衣服给她，她自己用不上就送给小林。嫂子认为这些东西都是很好的，给小林的时候，那表情就好像是自己花了大价钱买来的。

小林一直认为自己不是很OUT的人，之前也做过服装陈列的工作，对时尚的趋势和搭配懂得很多，知道自己适合什么样的服装，属于什么样的风格。有几次嫂子都是拿着朋友送给她的衣服给小林，要求小林试给她看，小林勉强答应，因为尺码偏小，小林让嫂子自己留着穿，嫂子就很失望的样子。

小林对这么关心她的嫂子还有怨言，因为嫂子送东西给她时只顾自己喜欢，而忽视了小林是否需要。

即使是自己喜欢的，并且认为好的东西，本着一片好心，硬推给别人，可能也会将事情弄得僵持而不可收拾，从而破坏双方的关系。在生活中，同别人交往的时候，我们要多想一想自己是不是犯了盲目施与的错误。

有时候，当你不想做某件事的时候，会不会总是希望让别人去承担呢？在工作的时候，遇到无聊、烦琐的工作，做起来让自己的心情十分的烦躁。这个时候，你会不会要求其他同事帮你做，将工作推给别人？同事尽心尽力，同样感到烦躁，但却帮你完成了任务，这时你却只是口头上谢谢，连倒一杯水都没有为同事做。等老板发现错误，要追究责任的时候，你却将责任推到好心帮你的同事身上。

这所有的事情都是你不愿意承担的，你却选择让别人帮你承担。若是这样，身边的人都会慢慢离开你，因为他们认为同你这样的人交往不值得。

生活中，每个人都有一些不能做或者是无法办到的事情。当自己无法做到的时候，就不应该强求别人去做。有这样一个笑话：一个孩子哭着对自己的父亲说："你小时候也不能考取全班第一名，干嘛要求我非要考第一名？"童言无忌，但也确实说明这个道理。

在现实生活中，与人相处，站在别人的角度问问自己：你给了别人什么，你要求了别人什么，你所给予的你所要求的是否是别人愿意接受的？

从借物可以看出人品

上个月，我的一个邻居，也是我的一个朋友，因为生意上出了点意外，找我借钱。当他找到我的时候，我感觉有一点奇怪，因为我们的关系仅仅限于一般朋友，故此，就有了一点点犹豫。他对我说不着急，你再考虑一下。我就说：要和先生商量一下。

晚上，先生下班回到家中，我告诉他说，邻居做生意赔钱了，需要 2 万块救急钱，我自己拿不定主意。先生也很犹豫，毕竟不是几百块钱的事情。

平时，邻里之间也都是借一些生活上的小东西，有时候他到我们家借一些家用工具，用完之后会迅速还回来。他妻子有时候会来借我的书看，记得有一次，她女儿把我的书撕坏了，其实也只是把封面撕掉了。后来，她买了本新书连同旧书一起还给我，说旧书上有我的读书笔记，丢掉很可惜。从这些小事情上可以看出这对夫妻是有借有还的人。于是，我对先生讲了我的感受，先生说："那就借吧，他们肯定是急需，不然不会向我们开口的。"

之后，我们决定把这钱借给他。他说："你答应借钱给我还真出乎我的意料！"我告诉他说："你们夫妻俩平时借东西都会还，所以我相信你们是守信的人。"

决定是不是要借给他人钱，首先要看的就是这个人的信誉如何，在以往的交往中是否有不信守承诺的表现。之前，有一个亲戚托我给她介绍工作，押金、住房、自行车都准备好了，到医院体检之后，就可以上班了。可是，没有想到的是，她打来电话说："我不去了，你跟别人说一下吧。"我告诉她说："这是靠朋友的关系，别人还一直给你留着位置呢，让我的朋友怎么办？"她回答了一句："我父母不同意我去，你说我怎么办？"我当时忍住没有发火。

第二次她又要求我帮她找工作，说上次的事情她做得不对，希望再帮她一次。毕竟是亲戚，我不好推托，就答应了。结果还是跟上次一样，找到工作后她又没有去。因为这两次经历，她的信誉在我心里大打折扣，后来她也向我借过钱，但是都被我婉言拒绝了。

借钱对象很重要，有的人谈借容易，却从不讲还的时间，或者抛给你一句"我有钱的时候就会还你"。借钱给一个不讲信誉的人对自己来说是一种损失。

信誉就像宝石，熠熠生辉。一个人如果有了不良的信用记录，就会被人看不起。林肯曾说："一个人有可能在某一个时候欺骗某一个人或者所有的人，但绝不可能在所有时候欺骗所有的人。"

一个人信用越好，就越会受到大家的信赖，无论是在生活、工作还是在事业上都能打开局面。不讲信用是“短期行为”，终究会作茧自缚。

人们总是喜欢说话算数的人，而讨厌食言的人。所以，必须重视自己说过的每一句话。说出的承诺就要兑现，这是为人处世最基本的原则。

如果我们跟别人达成了某项协议或约定，无论是多么微不足道的事情，都要尊重它、维护它，这对于我们建立自己的信用至关重要。失信于人易，取信于人难，因为很小的一件事都可能让你失信于人。

信守对别人的承诺，遵守承诺只要求你管住自己的口和手脚，不需要任何技巧。管住口，做不到的事情不要轻易答应，有可能做到的事情，说清楚成功的概率；管住手脚，一旦答应了别人，就立刻采取行动，去兑现承诺。

仅靠外表判断人说明你肤浅

北京植物园内生长着一株巨型魔芋，堪称世界上最稀有奇异的植物之一。巨型魔芋有个可怕的名字叫“食人花”，每三年开一次花，开花时它的佛焰苞展开直径可达 1.6 米。它数量很少，花期很短，室内栽培难度大且很难成活。它开出的花朵艳丽夺目，这些花释放出污秽的气味，能够吸引腐尸甲虫和其他花粉传播者，气味通常是腐肉的味道。巨型魔芋又叫“尸臭花”。

很多不了解巨型魔芋的人往往会对它感到好奇，并被它的外表所吸引，然而见过之后会因为它发出的气味敬而远之。事实就是这个样子，有些东西虽然有着让人一见倾心的外表，可真正接触后可能令人大失所望。

人有时也是这个样子，总是对那些一眼望上去动人、美好的事物念念不忘，而对于那些外表丑陋的东西则敬而远之，因丑陋的外表而否定其一切。

生活中，有些人也是虚有其表，美丽的外表下面却藏着一颗丑陋的心灵。记得有一次出差，正逢暑假高峰期，卧铺票根本买不到，我只好买了张座票回去。而有很多人连座票都买不到。中间停站，一位长相美丽的女孩走进车厢。她看见一个座位上放着行李，就把行李放到地上，旁若无人地坐下了。坐在旁边的阿姨说："姑娘，这座位上有人，去餐车吃饭了，一会儿回来你得把位置还给人家。"那个女孩装作没有听见，眼睛望着窗外。

过了一会儿，吃饭的女孩回来了，看到有人坐在自己的座位上，还把自己的东西丢到地上，十分愤怒地说："这是我的位置，赶紧离开。"那个女孩听了也不示弱，瞪着眼说："这个座我就坐了怎么样，今天我就坐定了。"两个人你一言我一语地互相谩骂起来，有些话简直不堪入耳。我再也不觉得那个女孩漂亮了。两人越吵越烈。大家也都抱着出门在外多一事不如少一事的态度，没有人劝架。

这时对面一位又矮又胖、衣着寒酸的中年男子站起身，用略带沙哑的乡音说："我到站了，你们过来一个坐这边，别吵了，打扰别人休息。"说完便拿起行李走出了车厢。一会儿车到站停了，我想他可是解决了一个问题，下车下得真是时候，车厢内终于安静了。然而，火车到站时，他并没有下车。

一个人长相美丽，不见得内心也美丽。而外表丑陋的人也不见得内心同样丑陋。与人交往，我只在乎他是否忠诚仁义，是否聪明、有丰富的阅历，而不在乎他的长相。

但是，在生活中，我们偏偏喜欢以貌取人，看见一个长相凶恶的人就认为他的职业不正当，看见帅气的人或许猜想他是成功人士。俗话说："人不可貌相，海水不可斗量。"不能依靠别人的外表来衡量一个人的人品，也不能用外表来衡量一个人的价值。

泰戈尔曾经说过："你可以从外表来评论一朵花或一只蝴蝶，但你不能这样来评论一个人。"蝴蝶和花的美，就美在它们的外表，以此来承载它们生命的光彩。

生活中，许多人却用观察蝴蝶和花的眼光去看一个人，去无知地评价一个人。世俗的眼光改变着人们的价值取向和是非判断标准，始终给人们牢牢地戴上了一副有色眼镜，无法在心中还原事物的本来面目。好像社会已经让人们习惯了以这种思维方式去看待问题。

摘掉有色眼镜，因为那看到的只是一种假象，一种虚幻。看一个人，我们不要看这个人的外貌怎样，他怎样去说，而是要看这个人怎样去做。外貌和语言，有时只会是美丽的谎言。无论给"谎言"这个词前面加上多么美的形容词来修饰，人们也不会喜欢谎言，而时间终究会击破谎言。

当你遇到相貌不佳的人，不要急着否定，深入了解一下，也许他就是你人生中的好友或者贵人。

你可以从外表来评论一朵花或一只蝴蝶，但你不能这样来评论一个人。

——泰戈尔

好品质还要有好卖相

一般的家常便饭只讲究营养、味道就足够了，其实，很普通的菜肴，如果讲究一下菜的颜色搭配、餐具使用和摆放样式，菜的品位和档次马上就提高了。看上去美味的菜肴，会刺激人的食欲。一道完美的菜，色、香、味、形俱佳。其中“形”，就指的是原料切什么形，配菜切什么形，装盘装什么形，用什么形的盘子等。

一盘菜口味不错，但如果卖相很差，看上去就让人“倒胃口”，哪儿还会有人愿意去尝呢！这就像一个人即使有才，如果穿着不得体，或是行为上显得很没涵养，在还没开口的时候就给人留下不好的印象，他怎么会受到赏识呢？

一个看上去干净、打扮得体的女孩子，给人的第一印象很好，当然有很多男孩子愿意抓住机会同她交往。而一个看上去邋遢、着装别扭的女孩子让人不舒服，自然追求者就少。

外表就是一个人的形象，好的形象有吸引力，甚至办事也会顺利。记得有一个废品收购员要去一家公司收购旧报纸，这家公司位于某高档写字楼，门禁甚严，门卫说什么也不让他进去，他瞧瞧自己灰头土脸的样子，明白了是怎么回事。他回去后，理了发，换了一套中档的衣服、皮鞋。第二天，他再次踏进写字楼的大堂时，门卫就很痛快地放行了。

一个人的形象，不但是一种外在的美，而且是一种内在的气质，反映着一个人对生活、工作等的态度。所以，千万不要以为你的形象就是你的外表，它也代表你的内心。

好的形象会带来好的人缘，因为我们在和别人打交道的时候，首先是从对方的形象来判断是否要与之交流。好的形象，会让一个人更加受欢迎。这就是为什么保险等行业的从业人员都非常注重自己的形象。

你可能想不到，你的形象还可能决定你的职位，我身边就有这样的例子。我们公司的领导在选择经理的合适人员时，有的同事很有能力，很勤奋，很努力，但是并没有获得晋升的机会。因为他平时不注重穿着打扮，邋里邋遢，没有一个经理该有的形象气质，让大家感到“他看起来就不像个经理”。一个人本身很有能力，但是却因自己平时的外表装扮而丧失机会，那是很可惜的。

仔细想想，很多大公司的CEO和总裁，他们的气质和外表看上去都很有气场，浑身散发着成功的气息。不管在家中是什么样的装扮，但只要迈出家门，他们都很注重自己的穿着打扮。据说在律师行业，有一个很有趣的现象就是，那些外表看上去舒服、有气质有魅力的律师收入会比其他同事高很多。

可见，一个好的形象会从各个角度散发出成功的气息，这种气息会在无形中吸引着周围的人，让他们发自内心地喜欢你，支持你。相反，如果你给人一种随便、邋遢的形象，不仅让你不具有吸引力，还会让别人感觉你是个平庸、无能的人，甚至认为你不可能获得成功。

美的事物、美的人都会令人赏心悦目，乐于接受。所以，我们都要注重自己的仪容仪表，让自己看起来干净、漂亮。

“云想衣裳花想容。”一个人的服饰是很重要的，你的穿着可以不紧跟时代潮流，但是穿在身上的衣服要整洁，让别人看起来舒服。在不同的场合也要注意不同的着装，在工作场合要显得干练、精神，无论是正式的还是休闲的，西装都是不错的选择。作为女性，适度得体的化妆可以体现女性端庄、美丽、温柔、大方的独特气质。

成功形象的塑造需要花费一定的时间和精力。如果你想获得更好的形象，并希望在事业上获得成功，那么你就必须注意你的形象，并适时做出改变。

大事精明，小事糊涂

出差半个月，临走前，我给先生布置了一堆事情：要记得浇花，要记得收拾屋子，干洗店里的衣服要记得去取，等等。

出差归来，来了一个突击检查。我发现，花盆有刚刚浇过的痕迹，除此之外，家里乱得一团糟，干洗店的衣服还不见踪影。我质问先生为什么不按照我的话去做。他倒好，直接装病，躺在床上呼天喊地："老婆，我病了。"

其实，我早看出来了，他是熬夜玩游戏，没有时间做家务，没有时间好好休息，所以看上去倒是有一些病态。我只好装作一副心疼的样子，让他先睡觉，等他醒来后就去收拾屋子，并且要把干洗店里的衣服取回来。

只是一些家务事没有做，看在他几乎每天都跟我联络的份上，这次就放过他吧，所谓睁一只眼闭一只眼。

有人说："恋爱时要睁大双眼找对方的毛病，结婚后则要睁

两个人在一起总会有磕磕碰碰的时候，根本不用太较真。不是有句古训“水至清则无鱼，人至察则无徒”吗？

一只眼闭一只眼。”婚姻生活中，两个人的缺点都暴露出来，很多也只是小毛病，并不是原则性的问题，我都会忍过去。两个人在一起总会有磕磕碰碰的时候，根本不用太较真。不是有句古训“水至清则无鱼，人至察则无徒”吗？

生活中，金无足赤，人无完人。每个人都会有这样那样的小毛病，只要无伤大雅，就不必斤斤计较，睁一只眼闭一只眼会让你拥有好人缘，吸引更多的朋友。抓住人家的“小辫子”不放，大肆渲染，就算是渲染得有理，人家也会觉得你为人苛刻，对你敬而远之。

“睁一只眼闭一只眼”，不是麻木的忍让，而是“退一步海阔天空”的睿智和豁达。小事糊涂大事明白，没必要凡事斤斤计较。要知道，退一步是为了更进一步。大肚能容天下事，得饶人处且饶人，宽容是一种肚量。

以前，我公司有一个业务经理，现在我已记不得他叫什么名字，只记得大家都亲切地叫他“老陈”。老陈在公司打拼了多年，公司一百多号人几乎都认得他这张脸。平时只要老陈一上班，公司上上下下的人都会很亲切地跟他打招呼，所有人都跟他相处得特别好。每年评先进的时候，老陈都会被众人举荐。为什么老陈会在公司这么受欢迎呢？在我看来，是因为他懂得怎么做人。

一次，老陈经过前台的时候，小张正好在玩电脑，而这个时候是上班时间，领导规定了在上班时间要专心做事。小张见到老陈后，立马关了游戏，可还是被老陈看见了。老陈只是微微一笑，说：“小张，你看见我的那份报告了没？”小张连连说：“嗯，给你送到办公室去了。”“嗯，好的，谢谢你了。”老陈说完，就走向自己的办公室。

在洗手间，老陈无意之中听见两个同事在说领导的坏话。两个同事突然看见老陈，都吓了一跳，老陈却只是洗洗手，就出去了。两个同事还心有余悸，可并没有听到什么动静。

就这样，同事们越来越信赖老陈了，而且有什么好东西都拿来跟他分享。而老陈这种做事模糊的劲儿，为他的职场之路带来了好运。

为人处世，小事糊涂大事精明，对小事不能太认真。前几天，有一个小女孩还跟我说了这样一件事：过生日的那天，一位女同事送给她一大束玫瑰花，说是昨天专门为她定的。其实，她知道，这是爱慕那位女同事的一位男士送女同事的，只不过女同事对那位男士不来电，所以就用这束花“借花献佛”。女孩并没有拆穿女同事的谎言，并对她表示了感谢。

对于别人的小谎言、小伎俩，甚至是做了一些对不起你的事情，你只要揣着明白装糊涂就行了，没有必要撕破脸皮，尤其是邻里、亲戚、同事之间，因为抬头不见低头见，以后还要继续打交道。若是他们因为一些不得已的原因做了对不起你的事情，你也应该睁一只眼闭一只眼，日后那些人必定对你刮目相看，还你这份情分。

常走动总是有好处

某夫妇的套间里堆满了行李、包裹、家具和盒子，屋子乱糟糟的。这时一位自称住在隔壁的中年妇女站在门外，说道：“欢迎你们搬到这儿，要知道在这个城市有些地方邻居相处不太友好，有些居民楼里邻居之间不来往，就连隔壁人家都不认识。可是在我们这幢楼里，大家都非常友好、和睦，我们就像一家人一样快快乐乐。我相信你们会在这儿住得愉快的。”夫妇俩莫名其妙地相互看了一眼，很惊讶地对中年妇女说：“可是，我们不是新搬来的，我们在这里住了已经两年了，明天我们就要搬家了。”

看到这个笑话，内心感慨颇多。现在邻里关系淡漠的现象已经达到了“老死不相往来”的地步，我们像是生活在一种“水泥森林”中，在那些钢筋水泥所构筑起来的看似安全舒适的堡垒里面，人与人之间的温情被钢筋、水泥隔开，越来越疏远了。“同楼相住不知邻者为谁”，铜墙铁壁般的防盗门一关，就似乎隔绝了内外联系。

我的母亲已经六十多岁，住在哥哥家照顾小侄女。有次外出买菜，在楼下不小心扭了脚，当时电梯正在维修，母亲便一拐一拐地走走停停爬上楼，手里还拎着重物，很疼。当时，上上下下的人，没有一个人停下来问问。哥哥家在五楼，等母亲到家的时候，小腿已经肿得很高。

母亲事后说：“以前住大杂院、四合院的时候，邻里都像亲人一样，虽然日子很苦，但是街坊邻居都很友爱。现在出门邻居间碰面点个头就不错了，你说以后要是真遇上个急事，找谁帮忙去！”

我突然意识到如果家里只有孤寡的一个老人，万一身体不好，在家里出了什么事，只能靠自己，指望不了邻居，因为平时根本没有打过交道。以前看电视剧，家里的老人突然犯心脏病昏倒了，都是经常来往的邻居及时发现，送往医院，保住了性命。有的孕妇突然要生产了，家人的电话打不通，这时也只能去求助邻居了。俗话说：远亲不如近邻，因为远水救不了近火。

而现在呢？邻居们上班、下班、休息的时间互不协调，平时谁也不会主动敲一敲对方的门。连邻居姓什么、叫什么、在哪儿工作都不知道。邻里之间平时应该多串串门，多往来，互相关心、互相帮助，让冷漠的心变柔软。

心理学上有一个多看效应，一个心理学家找了几个寝室，发给她们不同口味的饮料，然后要求这几个寝室的女生，可以以品尝饮料为理由，在这些寝室间互相走动，但见面时不得交谈。一段时间后，心理学家评估她们之间的熟悉和喜欢的程度，结果发现：见面的次数越多，相互喜欢的程度越大；而见面的次数越少，相互喜欢的程度就越低。

可见，若想增强自己的人际吸引力，就要经常在别人面前露脸，提高自己的熟悉度。同样的道理，要想和邻居处理好关系，让邻居喜欢你，就要多和邻居打交道。如果你想改善冷淡的邻里关系，不妨多“露露脸”，走动一下，即使只是露个脸，借件小东西。

看看身边，经常与人聊天，拉拉家常，带点小礼物的同事，是不是人缘要好许多？顺手帮邻居扔一下垃圾，见面主动打个招呼，一个微笑甚至一个眼神，人家拿的东西多的时候帮个手，邻里关系就会好很多。热情与真诚是最主要的，将心比心，坦诚相见，邻里关系也是如此。

经常串门，多说话，既让大家相互了解，又增进了邻里关系。以孩子作为话题是聊天的最好借物，这样大家会聊得更深刻。或者一起结伴出去买个菜，晚上一起出去散步。

俗话说：“礼多人不怪，油多菜不坏。”邻里之间就是要礼尚往来。平时家里有点什么好吃的，我都会给邻居的孩子送去一些。在我生下孩子的时候，给对门送去了喜糖，后来月子里，阿姨不但送来了两套衣服，还好几次登门探望我身体的恢复状况。受到这样的照顾，我心里确实很感动。只要用心，点滴积累，是能处理好邻里关系的。

只要大家都秉承这样的待人之道，近邻一定会比远亲还要亲近。

得罪一家等于得罪所有家

刚搬到这个小区的时候，一次和对门阿姨聊天的时候，阿姨小声地告诉我，三楼有一个叫小勇的人，长相很正派，每天西装革履，就是为人不怎么样。阿姨好心提醒我不要和小勇多接触。我不好多问为什么，就感谢阿姨的好心提醒。

几天后，我和小区的几位年轻妈妈一起聊天，出于好奇，我问谁认识我们楼上的小勇，没想到她们言语之间都表示了对小勇的不满。我问："小勇到底做了什么事情，让整栋楼的人都讨厌他？"

有一个年轻妈妈告诉我说，小勇住在三楼，和楼下的一家人起了冲突，原因是小勇总爱晚上跳舞，二楼这家正好刚添了小宝宝，担心楼上的响声太大影响小宝宝睡觉，希望小勇能注意一点，可是小勇依然我行我素，完全不顾别人的感受。有一次二楼那家的阿姨晚上去敲小勇家的门，小勇不耐烦，推了她一下，结果摔下楼梯，送进了医院！

听到这，我才知道是怎么回事，原来小勇是得罪了二楼那家的阿姨，结果所有的人对小勇的印象都不好。在一个人际圈内，如果你因为一件事而得罪了一个人，你必须考虑到被你得罪的对象有可能在这个圈内大肆渲染。如此一来，你有可能同时失去若干人的信赖。

今天你得罪了一个人，有可能给你的整个人际关系造成很大的障碍。但是，有些人即使因为自己的处理不当造成别人的困扰，也会表现得满不在乎。他们的想法是：反正和这位得罪的对象今后不再有共事机会，不道歉也没关系。可事实并不这样，你得罪了一个人，其他人都看着呢！

圈子是由很多人组成的。人活在世上，每天都和不同的人打交道，不论是邻里之间、朋友之间，还是同事之间，都存在一种互动的关系。人要靠彼此互助才能得以生存。如果你离开了人际关系，在这个激烈竞争的社会将会寸步难行。所以，“得罪人”是一种剥夺自己发展空间的不好行为。

得罪一个同行，就为自己堵住了一条去路。或许你会认为，世界之大，得罪一个同行又何妨，不至于堵住自己吧！其实你错了，同行有同行的圈子，有同行的朋友，如果你处理不好，就会在行业内失去信誉，失去帮助，本来你可以和别人合作的，但是在圈子里口碑不好使你失去了机会，你说这样值得吗？

有一位演员已经答应跟某导演合作某部戏了，但是却因为安排上的失误，以及片酬的取舍，所以他决定推掉这部戏，并以一纸传真告知这位导演。临近开拍，导演并没有预备合适的候补人员，因此十分不悦，心想下回再也不和这位演员合作了。这并不是纯粹因为生气而产生的偏差，而是因为担心这种情形再度出现，给自己再次造成损失。

如果被得罪的人只是不想和自己再度合作的导演，对于这个演员而言，可能构成不了重大损失。然而，如果这件事在演艺圈内传开，结果又将如何呢？其他的导演也会得知这个演员是个没有责任心、只注重片酬而不讲信用的人。这个演员的前途肯定会受到影响。

人们常听到这样一句话：“你还想不想在这个圈子混了？”如果一个人不考虑转行，打算在某个行业里求得生存和发展，就不要轻易去得罪一个人。一个失误有可能扼杀你在一个领域的生机。习惯以做错事不道歉草率收拾残局的人，无论在哪个行业都无法立足。

在一个圈子内，负面评价会散播开来，同样，良好的评语也会口口相传。你只要切实做好失误的补救工作，认真处理善后，好评也会不断传播出去。

当你为了小事情或者是维护自己的小利益，而采取不尊重他人的方式时，请仔细想想，这样做值得吗？俗话说：多一个朋友多一条路。相信所有人都会明白，与别人搞好关系才是长久的发展之计！

幸运总是善良带来的

我这个人，用先生的话说就是热心肠，喜欢帮助身边的人。做兼职主妇这几年，和邻居的关系很好，他们有什么事情我都会去帮忙。在日常生活中，很多事情都是我主动担当，不等他们开口就主动去帮忙了。

邻居的孩子和我的儿子在同一所幼儿园上学，有时候她下班晚了，我就顺便帮她把孩子接回家。从家里带来的特产我也会主动送过去，过年的时候也会送去些礼品和红包。有的朋友总是说我的付出和收获不成正比，邻居家好像没作什么回报。其实，这都是些小恩小惠，他们心存感激就够了。

有一天，儿子腹泻，我到就近的诊所开了点药，以为没有什么大碍。吃过药后，他还是喊着肚子疼，我一边安慰他一边给他揉肚子，看看能不能先缓解一下。到了晚上 11 点，孩子疼得厉害，吃的药全都吐了出来，我开始意识到事情的严重性。

先生出差不在家，当时我真是慌了神，我抱着儿子冲出房门，可是夜里很不安全，我只好去敲隔壁老张的门，看他们能否送我们去医院。老张开门看到这一幕，衣服也来不及换，穿着拖鞋，接过我手里的孩子就直奔楼下。来到最近的一家医院，医生说是急性阑尾炎，要动手术，但是医院现在没有办法接收。我们只好转医院，跑到第三家的时候，医院才同意动手术。我当时已经累瘫了。

邻居帮忙办住院手续，一宿未睡，夫妻两个第二天都请假了，在家里做好饭送到医院，帮我照料孩子。我表示，这份人情我一定要还。他们夫妻两个异口同声地说：孩子没事就好，当初你对我们的帮助很多，现在算是我们还人情吧。

我的朋友们都一直说我这人太爱吃亏，我现在更加肯定“吃亏是福”这个道理了。你帮助了别人，别人就会欠你一份人情，日后自然会还你一份更大的人情。

朋友欠了你一份人情，在友谊、情感的天平上，你已加了一个筹码，这是比金钱，比财富更值得你珍视的东西。所以古人都说：“吝于财者失所亲。”吃亏，会让你在别人眼里显得豁达、宽厚，让你获得更深的信任。这当然会使别人更心甘情愿地帮助你，为你办事。这次经历让我明白，有时候让别人欠你份人情未必不是件好事。

每个人都不是独立地生活在这个世界上的，每个人都会遇到困难，遇到自己解决不了的问题。如没有人向我们求助，如果我们能帮助别人，那么，他们就会心存感激，希望日后能够还这份人情。可见，我们帮助别人，其实就是在帮自己。

货车司机老陆经常到全国各地送货。有一次他到四川送货，车子行经靠近岷江的一条公路时，老陆发现了一个老人带着一个孩子在招手。老陆看到两人被太阳晒得汗流浃背，动了恻隐之心，停下了车。当老陆把老人带到目的地以后，老人告诉老陆："车子里少了一个装置，前面全是下坡路，要出大事情的。"原来，当地的货车都有一个"刹车淋水"装置，可以避免走下坡路时，刹车因过热而失灵。老人原先是修汽车的，很快就帮老陆弄了一个简单的装置。当老陆胆战心惊地走完七八公里的下坡路时，已全身湿透。下车后，摸摸轮毂，已经烫得无法下手。如果没有水一直淋着，也许刹车早就失灵了。对于长途货车司机来说，中途带陌生人是大忌，老陆却因为带人而避免了事故。这些看似是巧合，但是，幸运总是善良带来的。

爱出者爱返，福往者福来。帮助他人，实际上也是在帮我们自己。当我们把别人脚下的绊脚石搬开时，或许正好给自己铺平了道路。

Part 5

“狠狠”地对自己好一点

无论遇到什么天气，都不要忘了给自己一缕阳光。相信自己的能力，给自己阳光，给自己信心，给自己灿烂的明天，把快乐的钥匙掌握在自己的手里。

所有的选择都由心而发

很多人喜欢网购，我也不例外。每次在决定购买之前，都要先看看产品下面的评价，好评、中评、差评一一看过之后，发现每个产品都很好，每个产品又都不好，到最后眼花缭乱，自己都不知道如何选择了。

有时候，别人说的太多，反而更难下决定。乱花渐欲迷人眼，听得越多越没主见了。别人的意见有参考的价值，但是不能完全依赖。我有一个朋友以前喜欢和别人一起逛街，后来却喜欢一个人逛街。她说，参谋太多了，就不知道该听谁的，买件衣服十分纠结，有时候朋友说好看便买回来了，结果自己并不喜欢，穿不了几次就打入冷宫。一个人逛街的话，喜欢哪件就干脆利落地买哪件，相信第一感觉，往往不会选错。

依赖别人的意见，很容易使我们违背自己的初衷，选择失误。在人生的旅途中，我们是自己唯一的司机，千万不要让别人驾驶你的生命之车。自己要稳稳地坐在司机的位置上，决定何时要停车、转弯、加速、刹车……珍惜自己所拥有的选择和决策的权利，参考别人意见的时候，要有自己的主见，千万不要随波逐流。

如果一个人一直都是征求别人的意见，而且变成习惯，久而久之，就形成了依赖性，做什么事都要问别人，征求别人的意见。尤其是在面对多个选择的时候，无法判断出哪个好哪个坏。这在心理学上被称为“依赖性人格”。依赖性人格表现为依恋他人，不太注意自己参与决策的人：从小在父母的保护伞下长大，什么事都是家人帮忙拿主意，上学、上班，甚至是上街买衣服都是家长陪同。后来，慢慢地发现这一切都不是自己想要的人生。一个人在可以做选择、能够拿主意的时候，一定要把握住，因为我们的人生说到底都是得自己来负责。

在做某件事情之前，我们不妨先想想，这么做对我有什么好处，对别人有什么伤害；自己到底想干什么，目的是什么，结果会怎么样。要学会判断，按照自己的判断下决定，然后去实行。实行的结果出来后，看看跟自己的最初意愿是否一致，想想自己是不是做对了，如果做错了下次要注意。人不是因为想有主见才变得有主见，而是因为他知道自己在做什么，才变得有主见。

如果你感冒了，给你两种水果，一种是橘子，一种是苹果，你会怎么选择？我两个都不会选，感冒了吃橘子会加重我的感冒，所以我不会选橘子；至于苹果，如果我感冒重了，苹果也不会吃，因为苹果里面有很多生水，我现在需要的是热水。

我之所以会这么选，是因为我看重自己的健康。换句话说，我有选择的一个标准。你不知道怎么选择，是因为缺少一个选择的标准，你不知道怎样选择才是好的。

每一个成熟的人，遇事都会有自己的主见，都会先把自己分析得很透彻。而没有主见的人，仿佛墙头芦苇，风吹两边倒，随波逐流，极易迷失方向。

参谋太多了，就不知道该听谁的，买件衣服十分纠结。

真真切切地爱自己的身体

你是不是有这样的经历：每天晚上 12 点之后睡觉，有时会熬到天亮才睡着。熬夜就会饿，饿了就要吃东西，吃了桶酸辣泡面，精神饱满，没丝毫困倦之意。接着继续奋战，对着电脑看自己喜欢的电视剧，一直看到凌晨 3 点。

结果，第二天早上起来的时候，胸闷气短，手臂无力，让人无法接受的是脸上蹿起了几个又大又红的痘痘，还满嘴的口臭。

人们常说，熬夜是美丽的大敌。其实，熬夜带来的不仅是憔悴的脸色，还有对健康的“摧残”。就像郭德纲相声里说的：“老中医说，天睡我睡，天醒我醒，人不可逆天行事，一宿宿不睡觉，你那叫作死。”

看新闻里说，一名 24 岁的淘宝网店店主因为连续熬夜操劳，在睡梦中猝死。网店店主的猝死事件给很多网店掌柜和“夜猫子”敲响了警钟。医学界的专家指出，经常熬夜会对身体造成很大的伤害，不管是为了自己的事业还是为了放纵自己，都不应透支自己的健康。

常言说，早睡早起身体好。早睡早起，是说要养成一个良好的作息习惯，对身体当然有好处了。一般来说，晚上 10 点之前上床睡觉，早晨 6 点多醒来是最好的习惯。因为从晚上 11 点开始到凌晨 4 点为最佳睡眠时间，一般睡 8 个小时左右最好。

可有的人偏偏喜欢熬夜，在夜深人静的时候，盯着电脑，看自己喜欢的电视剧。我身边就有这样的朋友，几天几夜不睡，就是为了把自己喜欢的电视剧《甄嬛传》看完。在我劝告她的时候，她竟然对我说："一种态度一种生活，熬夜就是我的态度，晚上的时候大脑比较清晰、兴奋。"

我始终认为这种态度是不正确的，无论你选择怎样的生活方式，都要爱护自己的身体。有的人之所以在晚上感到头脑清晰或者是兴奋，是因为自己长时间形成了这种习惯。如果慢慢放弃这种"夜猫子"的生活，你的身体会越来越健康，皮肤会越来越好，精神会越来越好。等你受益于这些，自然而然就会爱上这样的生活态度和习惯。

不要把爱自己当成是放纵自己，更不要在别人不爱自己的时候伤害自己。我认为一个优秀的女人有自己独特的品位，在外表以及涵养上都很有特点，懂得经营自己的内心，但更懂得爱护自己的身体。有一句话叫作："你看待身体的态度，反映的是你如何看待自己；你与身体的相处，影响着你与他人的相处，也影响着对幸福的感知。"一个不爱自己身体的人，如何去爱别人，又如何懂得真正的幸福！

因为失恋带来的心灵创伤，有很多女人采取了一种类似于自残的方式，比如毫无顾忌地暴饮暴食，冷热酸甜想吃就吃，甚至对于那些把减肥当作奋斗目标的也是敞开肠胃，通过大肆进食来暂时忘记痛苦。

这种看上去很犒劳肠胃的方法不仅对身体是一种伤害，而且还会让自己记起曾经不快乐的点点滴滴，所以，看上去释然的生活，实际上是一种内在的折磨，是自暴自弃的表现。

当别人伤害我们的时候，蹲下来抱抱自己，跟自己说声对不起。因为不允许别人伤害我们，所以选择离开，但是自己也不能因为痛苦来伤害自己的身体。如果想转移自己的注意力，何不去旅游、健身、逛街，把所有的时间和精力用来锻炼自己的身体、装扮自己呢！

爱自己，但不可以放纵自己，也不可以伤害自己。身体是革命的本钱，养成健康的生活习惯是爱自己的表现，也是学会爱他人的第一步。

发呆和无聊也是必要的消遣

下午坐在家里，两眼眺望窗外，静静地发呆，静静地看向远方。外面天气很好，一片生机勃勃的景象，是春游的好时机。看着微微摆动的树枝和在上面闪耀的阳光，自己的心境也很平静。打开窗户，微风吹过脸，丝丝凉意沁人心脾，很舒服！自己都感觉好奇怪，好像以前的事都不记得了，像是刚来到这世界，对什么都感觉新鲜，包括一草一木！

我是一个喜欢发呆的人，尤其还在上学的时候，在上一些不感兴趣的课时，经常会发呆，眼睛看着老师，但脑子却一片空白，什么也听不见。虽然觉得挺对不起在用心讲课的老师，但无法控制。现在工作以后，有时候面对无聊而漫长的会议，面对烦琐的工作，也会看着桌面上的绿植发呆，观察它的花蕾和枝叶。

或许很多人认为发呆不好，是浪费时间的一种行为，但发呆其实是可以用来减压的。发呆是正常人的一种心理调节，它是一种专注的无意识。偶尔发呆不但无伤大雅，还有利于健康。它可

△ 有时候，我会被身边的人称作“呆头呆脑”，但我明白此时自己的内心却安宁舒适，不惊不乱，不慌不躁……

以帮助人们减轻疲劳，对大脑来说，是很好的休息。处在这种状态下的人们会突然不愿意思考，使自己停滞在一个安静的氛围里，忘记一切，目空一切。

有时候，我会被身边的人称作“呆头呆脑”，但我明白此时自己的内心却安宁舒适，不惊不乱，不慌不躁，回过神之后思路便海阔天空，任意飞驰。

现在工作紧张，生活紧张，很多时候都想放松自己，但是又很难抽出固定的时间去旅游或者到外面走一走。常常放松下来，就不得不想到烦琐的工作，计划着如何完成明天的工作，因为觉得这样的工作效率较高。所以，闲暇的时间总是在思考明天要做什么，后天要做什么，在人生的这个阶段应该做什么。

一个人呆呆地坐着是一种享受，放开心中所有的东西，不再有烦恼和忧愁，整个空间都属于自己。在发呆的时候，我是轻松、快乐的。发呆能创造纯净的自我空间，安静的冥想可以促进血液循环，为组织器官输送大量的氧气和营养，对于减少焦虑有着明显的作用。

熙熙攘攘的街道，人头攒动的房间，水泄不通的车流，世界被人类变得密不透风，让人头晕目眩。这个时候，我们需要逃遁到一个安静的地方。一个人的休闲方式有很多，随时随地都可以进行，不需要金钱，不会浪费太多的时间，但是，却会让我们的心情得到很好的放松，心灵得到很好的解放。

当你感到心情不好或者生活、工作上的压力特别重的时候，不妨找个安静的地方呆坐一下吧，静静地对着你窗外的景色发发呆。白天对着蔚蓝的天空发呆，傍晚对着落日余晖发呆，晚上对着月亮星星发呆，放空自己的心灵，享受闲适的时光。

在慵懒的午后，一个人在书房靠窗的桌旁坐下，挑选一本心仪已久的杂文，品一杯沁人心脾的香茗，感到困乏就小憩片刻，感到疲倦就走到窗前伸个懒腰，享受阳光的温暖。或者在小雨的清晨，穿上一双雨鞋，撑起一把素色的雨伞，挂上MP3，一个人漫步在林荫的小道，世界只剩下自己和耳机中那首会随着哼唱的歌。

享受一个人的时光，不需要任何人的陪伴。有时，我也会进行冥想。每天进行冥想将大大有助于内心的平静，20分钟的冥想练习能有效促进我们的身心健康，有规律的冥想能使我们从忙碌的生活中理出头绪。

在一个平静安详宁和的地方，盘腿而坐，双手自然垂膝，但关键是找到一种让自己坐得舒服的姿势，睁开眼睛，保持嘴巴微微张开，不专注于任何东西，使所有感官都处于开放的状态。

工作本来就够累了，在非工作时间想得太多，对身体没有任何的好处。这个时候，让大脑停止转动，什么都不要想，尤其是不要想令人烦恼的工作，静静地享受一段安详、自由的时光。

“才女”比“美女”分量重

我一直都很喜欢杨澜，从《正大综艺》到《杨澜访谈录》，再到如今的《天下女人》，她给我的感觉都是美丽、优雅、知性。作为一个主持人，她在重要场合能够机警地对答，巧妙地转场。还记得她作为北京申办2008年奥运会的形象大使，在全世界面前用流利的英文陈述北京申办的实力和热情，那一刻她感染了所有的听众。我想，很多女孩都很希望成为杨澜那样的人，一位不仅外表美丽而且知性的女人。

之前，社会上出现过很多“美女作家”，经过别人的包装炒作走红，但作品乏善可陈，只贴“美女作家”标签吸引眼球换取银子。一个女人徒有其表，难免让人觉得轻薄，所有的美艳都集中在身体上，以至于枯竭了内涵。

女人的美丽有双重，外在美和内在美。外在的美让人一眼看到底，看过一眼也就作罢。但是，懂得内外兼修的女人，让人回味无穷。我很喜欢“知性”一词。有句话叫知性的女人就像一本好书，读一遍不够透彻，不够明白，让人爱不释手。

知性女子可能并非天生丽质、美艳照人，而是由内而外散发出一种独特的风韵。这是经得起岁月推敲和时间洗礼的“美”。就像一句广告语：有内涵，有主张。知性的女人有灵性，而且“智勇双全”。她可以无视岁月对容貌的侵蚀，但绝不束手就擒。她可以与魔鬼身材、轻盈体态相差甚远，但她懂得用智慧的头脑把自己打扮得精致且品位高尚。

杨澜的知性，就很令人称道。她不但聪明睿智，还有一个年轻的心态，笑侃女人40岁的时候，一句“女人40岁，吓唬谁呀！”她的言下之意，“40岁不是女人的悲观年龄”，多么年轻的心态，多么自信的语言。

知性女人和普通女人的区别在于感性、智慧和美丽，不单是外表的漂亮，关键是内在的美。具体说，就是气质、韵味。这种美丽更多是从后天的修养和文化的积累得到的。没有良好的文化素养的熏陶，就很难成为知性女人。

女人的知性与文化程度有关。文化程度低了不行，没有“知”，“知识”的“知”；但文化程度高了也要收敛自己，不能好摆架子，没有“性”，“性感”的“性”。对书的钟爱，能让女人收获思想，收获人生感悟，从而可以从容地观察世界。

杨澜曾经这样形容爱读书的女孩子：喜欢看书的女孩，她一定是沉静而且有着很好的心态，因为在书籍的海洋里，女孩可以大口地吸取营养。喜欢看书的女孩，她一定是出口成章而且优雅知性的女人。做这样的女人其实并不难，如果你大力充电，增加学识，修炼魅力，你就可以成为知性女人。

爱读书的女人最有内涵，最有品位。因为阅读是一种自我提升的过程，也是一种积累的过程。在选择阅读的问题上，于丹的观点很值得借鉴：阅读不单要讲数量，更要讲质量。

阅读有两种：一种是为知识的阅读，如读专业书、文献书和某领域的技艺知识，这对于个人的职业发展、社会身份的肯定是必要的；另一种是为生命成长的阅读，也许现在读的十几本书对明天的求职应聘没有帮助，但是日复一日，年复一年，某一天这些平时看似没用的东西或许会变成生命的一种支撑，一种救赎。这就是温家宝总理所说的“读书也给人安全幸福”。

读书不仅仅看销量，因为畅销的未必都是好书，好书也不一定都畅销。我们要读经典，读名著，读掀起过酣然大波的争论的书。特别是在当下，很多东西已经缺失或正在缺失，读这些书才能更加撼动你的心灵，激起你的思考。

读书本身是一种享受，但是这种享受不是每个人都能体会到的。现在生活节奏越来越快，许多人常常感到时间紧张，女性家庭、事业要兼顾，似乎更没有时间静坐下来品味读书的乐趣了。但鲁迅先生曾说过：“时间就像海绵里的水，只要愿意挤，总还是有的。”凡在事业上有所成就的人，都有一个诀窍：变“闲暇”为“不闲”。也就是说，不偷清闲，不贪逸趣。只要不偷清闲，不贪逸趣，就可以做一个美丽的知性女人。

知性女子心性如花，雅俗共赏；品性如木，兼修内外。这样的女子，好比静栖一处的花朵，于不经意间绽放，或如兰草，娴静儒雅，幽香淡放；或如玫瑰，热情娇艳，迷人多姿。

无意义的三分钟热度

都说女人如花，我想最能证明这一点的就是夏季的到来。脱掉长衫、长裤，找出自己心爱的碎花裙、热裤、吊带、高跟鞋，将自己白白净净的长胳膊长腿展露出来。夏季就是属于女人飘逸、清爽的季节。

然而，夏季的到来也是几家欢喜几家忧。一个朋友对我说："四月不减肥，五月徒伤悲。胖女人伤不起！"她，我是知道的，每年临近夏季，抓着自己肚子上那一层厚厚的"游泳圈"，愤恨地对着镜子说："我立志要减肥。"减肥无非就是注意饮食，多加运动，贵在坚持。可是，她总是只有三分钟热度。

后来，她一急了，就想通过减肥药来达到目的。我对她说："要想美丽，将减肥进行到底，就不要选择那种伤害自己身体的方式。"哪个女人不爱美丽？在海边的时候谁不想秀出自己的身材？可是面对减肥，她的意志不够坚定。

一开始的时候，面对美食根本不屑一顾；过了两三天，面对美食就会多看两眼，面露痛苦；等到一周过去的时候，再次面对美食，就放松了对自己的管制，意志不坚地对自己说："今天特殊情况，以后绝对不允许了。”当说出这句话的时候，就已经前功尽弃了。

很多事情之所以失败，就是因为自己没有坚持到底。苏格拉底的学生向老师请教成功的办法。苏格拉底说，很简单，从现在开始，你们每天早、中、晚三次站在河边，甩手100下。一年后，苏格拉底把学生召集到一起，问：“你们都做到了吗？”学生们都不好意思地低下了头。苏格拉底说：“成功其实很简单，就像甩手一样。但这样简单的事，却恰恰是难做到的。所以，只有极少数坚持到底的人，才能享受成功的果实。”苏格拉底说的是众人皆知的道理，但又是难以做到的。

我一直把坚持到底作为自己的生活准则。生活中有很多事情虽然简单，但仍要走漫长的路，只有坚持到底才能获得自己想要的一切。要美丽，要曼妙的身材，就一定要将减肥进行到底。

孟子云：“故天将降大任于斯人也，必先苦其心志，劳其筋骨，饿其体肤，空乏其身，行拂乱其所为，所以动心忍性，曾益其所不能。”当我们遇到了困难，坚持到底，下一站就是成功和幸福。

前段时间，我重温了电影《幸福终点站》，汤姆·汉克斯的精湛演技，加上精彩的剧情，多年后依旧让我感慨很多。主人公维克多·纳沃斯基为了父亲的一个理想，为了实现自己的一个承诺，带着希望前往纽约。但是，由于自己的国家政变，他成了一个没有国籍、不被纽约接受的人。他被要求不准踏出机场一步。他无法与身边的人沟通，没有可用的货币，没有休息的地方，只有刁难。但是，这些都没有难倒他，这一系列的困难都没有击败他实现父亲理想的信心。他坚持着，在机场三个多月的日子里，维克多当过推车工、翻译、油漆工等。慢慢地，机场的工作人员从讨厌、漠视变成喜欢、鼓励、支持。他不仅帮助朋友得到了爱情，而且自己也经历了一段美丽的邂逅。

给我印象最深的是，尽管他每天拿出申请表申请出境的时候都被拒绝了，但他总是乐观地对工作人员说："试试我今天的运气怎么样？"战争终于结束，经历种种困难，维克多终于踏上了那近在咫尺的纽约。

坚持到底就是胜利，每个人都有许许多多的爱好，有属于自己的梦想，也曾暗自许下过许许多多的诺言，可付诸实践的并不多，坚持下来的更是没有几个。有理想就要努力实现它。

"狠狠"地对自己好一点

都说女人恋爱的时候才会好好打扮自己，结婚的时候最美丽。女人结婚后就放松了警惕，变得懒惰起来。其实，单身的女人要好好打扮自己，已婚的女人更不能偷懒，一定要督促自己，不能过早地加入"黄脸婆"的大军。

为了防止身材走样，我几乎每天晚上都坚持做一些锻炼。先生总是在旁边调侃说："累得双腿都在打颤，你对自己也太狠了吧！"我累得直喘气，也顾不上和先生斗嘴了。锻炼后痛痛快快地洗个澡，然后上床睡觉，我的睡眠一直都很好。当然，身材也保持得不错。朋友们都问我是怎样做到的，我说，对自己狠点儿就好了，咬着牙做运动，千万不要对自己心软。

其实，不只是身材的问题。一个女人学会了"狠"，就是学会了坚决、坚定、坚持以及全力以赴。一个意志不坚定的人，首先就不可能做到全力以赴和无怨无悔。不管是事业还是家庭生活，如果总是懒惰，纵容自己，贪图享受，遇到一点问题就认为自己会受不了而放弃，你就不可能最终得到好的结果。

现任美国维亚康姆MTV中国区总裁的李亦非就是一个能够对自己下狠心的女人。结婚之后，有一段时间她没有工作。人突然从紧凑的生活中松懈下来，工作没了，有一种对未来莫名的恐惧。为了去掉这块心病，她开始对自己发狠，竟然挺着大肚子到处去应聘，先后走了不下十家公司。回忆这段经历，她说："这个过程有点不可思议，但我的性格驱使我这么去做。"

她顺利地通过了三次考试，就在她觉得胜券在握时，最后一关却卡住了。由于某个专业的问题没能答出而落选。这个刺激留在了她的心里。对于这件事情的反应，人们自然会想到女人没必要知道那么多，并且会心安理得地原谅自己的失败。可她不这样，而是为自己知识结构不完善深深自责。她回家后找了很多相关的书籍和资料进行补课。

精诚所至，金石为开。终于，有公司录用了她，并同意她生完孩子后即可去上班，她这才停止了奔走。她用不懈的奋斗演绎了一个漂亮女人的完美人生。

在世人的眼中，男强女弱的观念依然未变。而在李亦非看来，做女人很好，有许多优势，并不像外界呼吁的那样，女人好像是个脆弱的需要保护的群体。她从来不把自己放在一个弱者的位置上。如果说，男人对自己狠一点是一种强者的责任，那么，女人对自己狠一点就是一种弱者的自强，是对自身命运的一种担当。

当一个女人学会对自己狠一点的时候，别人就再也对女人凶狠不起来了，因为根本没有机会。

女孩子的男朋友移情别恋了，提出分手，女孩子跑过来问我该怎么办，我通常都建议放弃。然后，她们会问一句话：为什么啊？我很爱他，我该怎么办？

的确，你很爱他，放弃不了，这可怎么办呢？其实还能怎么办？放不了也得放。这是唯一的方法，也是最好的方法。你必须对自己狠一点，必须强迫自己放手，这样你以后才能获得幸福。

女人就要对自己狠一点，狠狠面对生活里的寒冷，当痛苦压在你的左肩承担不住了，就自己换到右肩继续担；狠狠接受不能改变的事实，往前走不要回头看，在下一个路口争取和幸福再次邂逅；狠狠咽下以往的深情不甘，用沉默保留体面尊严，能重生的才是真正的凤凰；狠狠收起曾经的固执任性，勇敢地坚持独立成长，唯有自省能够帮助我们懂得珍惜。什么时候你能够昂起头笑傲江湖了，把相守和相忘都当成过眼云烟，那“狠”其实就成了“爱”，成了对生命和生活的无言大爱。

只买对的，不买贵的

购物的时候，我喜欢货比三家，多挑选再决定，选择自己最喜欢的，或是性价比高的商品。比如买衣服时，在掏钱之前，我的头脑中快速运转：这件衣服的颜色和自己皮肤、头发、身高是不是相匹配，和鞋子甚至挎包怎么搭配，会不会和哪个同事撞衫，在什么时候穿，可以穿哪几个季节，会不会很快过时……我的原则是：只买对的，不买贵的。最贵的不一定适合自己，适合你的就是最好的，所以不必羡慕别人的行头。

为什么我们总是会倾慕那些外表看起来鲜亮、昂贵的东西，爱慕那些长相美丽、令人赏心悦目的人或物呢？

每当走进繁华的商场，面对眼花缭乱的时装，哪一套最适合自己？一般来说，我会根据自己的年龄、身高、肤色、职业等来选择。不一定是最时髦的色彩、最新的款式、最好的面料，只要适合，就能显示出一个人的独特品位和气质。

记得有一次，我到商场遇到这么一件事：一位中年妇女带着刚参加工作的女儿买包包，女儿在店员的帮助下试背了不同款式的几个包，最后选中一款单肩包，款式简洁、大方，容易搭配。这款单肩包有两种型号。店员说："女孩子身高气质适合小一号的，建议买小号包包。"可是当母亲的却执意不肯：大小包一样的价钱，为什么不买大的呢？再说，大包包装的东西多，更加实用。

这位刚参加工作的女孩子个子不高，身材微胖。背上大号包显得过于累赘，更像增加了一份负担，极为不协调。没想到那位母亲就是固执己见，最后坚持给女儿买了大号包。

为了一样的价格而选择"大"的包包，有些人在盲目贪"大"的同时，恰恰忽略甚至放弃了现在最适合自己的东西。

包包，不一定漂亮、奢华，只要适合自己，那就是最好的。又如婚姻，又如爱情，又如生活，在别人眼里，可能并不值得羡慕，或许还有可能是不可思议，但如果自己感觉幸福，那就是幸福；自己感觉快乐，那就是快乐。

可为什么我们总是会倾慕那些外表看起来鲜亮、昂贵的东西，爱慕那些长相美丽、令人赏心悦目的人或物呢？其实，这在心理学上被称作"孔雀理论"：雄孔雀拖着一个巨大的尾巴，尾巴越大，越说明雄孔雀健康，就更容易吸引雌孔雀。但是除了这一点，客观来说，这尾巴对它的生存其实毫无帮助，相反还让天敌更容易抓到它，还要消耗大量的能量来供养。

在选择的时候，我们不要被一些事物美丽、奢华的外表所欺骗，保持头脑冷静，去选择适合自己的。否则，因为“孔雀心理”，一不小心就会选择了那些华而不实的东西。

《隐居法国》中说到“适合自己的生活才是最好的”。我想，这个道理放之四海而皆准，无论是城市、工作、爱人，还是生活……在人生的路途中，我们会遇到千百次大小不一的选择，面对选择的时候，请记住“适合自己的才是最好的”，这样我们才能静下心，安定从容地去做好每一次选择。

相处不开心，谈何朋友？行装尺码都不对，怎么会穿得舒服？做选择之前，一定要认真思考，仔细观察！分清摆放在我们眼前的是西瓜还是苦瓜。人生很漫长，尤其要慎重做好一些重要的选择。

没有什么是值得害怕的

有一天，侄子缩在厨房外小心翼翼地窥视厨房，看起来很紧张，很害怕。大概十分钟过去了，他还站在原地一动不动。我走上前去问他：“巍巍，你是想进厨房吗？”“嗯，我把自己的小玩具落在厨房了，我想要把它拿出来。”“那你为什么不进去？”“因为厨房有只怪物在睡觉，还打鼾，我一进去就会吵醒它，我不敢。”孩子很委屈地说道。我仔细地听了一下，确实有“咕嘟咕嘟”的声音，但并不是什么怪物，而是注满热水的水壶发出的。为了消除他的恐惧，我鼓励他去看个究竟。可他还是不同意，我只好陪同他一起进去。他发现是水壶在发出声音，就大声地叫道：“原来不是怪物啊！”

其实，现实生活也是这样子，一个人的恐惧、不安，完全是出自对事物的不确定、不明白。对生死的未知，对成败的未知，对前途的未知……这个世界充满变数，而我们却未曾知晓明天究竟会发生什么。所以，我们的内心会时常有一种无端的恐惧。

对于未知，人总会恐惧，因为你处在一个未知的环境中。未知可以分为两种情况：一种是你完全不了解的事物，比如幽灵、鬼魂；另一种是你熟悉的事物，但是又跟你平常熟悉的情况不完全一样，比如一条你熟悉的热闹的街道突然变得安静，没有人影，这个时候，你就会感到恐惧。

恐惧不完全等同于害怕。害怕有时候是生理上的，如你怕疼，怕冷，也有可能是基于心理因素的生理反应，比如怕黑，怕高。但是恐惧完全是心理上的。恐惧是心理上一种更深层次的害怕。

我们只有认识到一件事情是什么，认识到它的真实面目，恐惧才会消除。《黔驴技穷》中的老虎在第一次见到驴子的时候十分恐惧，不敢接近驴子，只是偷偷地藏在树后观察它，听到驴子的叫声，看到驴子蹬蹄子，老虎就会逃跑。后来观察的多了，发现驴子并不是什么可怕的动物，就屡次冲撞它，最后干脆就将其吃掉了。

有些看起来强大、凶狠的人或者动物，实则外强中干，根本不值得我们恐惧，就像那头驴子。只是我们把对方幻想得太过强大。慢慢了解之后，就会发现它也不过尔尔。

曾经读过这样一个故事：某个城镇死囚行刑前都有一次选择的机会，可选择就地枪决，也可选择进入一个黑漆漆的山洞，生死由命。奇怪的是，没有一个囚犯选择后者。外来旅行者问狱警山洞里是什么，狱警回答道：“什么也没有，只不过是通往另一个城镇的通道罢了。”

我们总是习惯把事情往坏处，往难处想。很多人都有这样的经历，认为某件事很难办到，行动之前寝食难安，可等到真正去做了，竟然觉得事情简单得不可思议。

有些时候人总是不勇敢，都会有各种各样的恐惧，一旦我们决定勇敢地走下去，恐惧就会慢慢消失。

小梅只身去澳洲进修学业的时候，身上没有带澳元，下了飞机，学校的地址也不知道丢到哪里去了。叫天天不应，叫地地不灵，小梅恨不得立即回到父母和好朋友的身边。当时，她哭着给我打电话，说自己不知道怎么办。我辗转打电话联系在那里的朋友，先帮小梅渡过难关。可接下来，在异国的日子还是要小梅一个人度过。

回到国内的小梅给我讲起自己在澳洲的经历，是一脸的坦然。小梅说自己踏上异国的时候，内心十分后悔，自己天生是个胆小鬼，一直在父母跟前长大，天黑就睡觉，不敢和陌生人说话，从没出过远门，每天都在恐惧中度过。

小梅说：“我不断鼓励自己，主动和别人打招呼，勇敢地面对困难。在澳洲的两年里，我先后搬过8次家，每次都是买份报纸，看到有人招租就打个电话，问到地址，然后带上地图就过去看房子。每次都是新的地方，和不同的陌生人同住在一个屋檐下。”

每个人都会有各种各样的恐惧，只是有时候我们不能不勇敢。在你最无法忍受的时候，其实你已经忍受过来了。就像小梅那样，勇敢地踏出第一步，就会有第二步。

安电灯泡未必就是男人的事

在家里，只要是我自己能够解决的问题，就不会等到先生下班之后再解决。像送孩子去医院、修理电器、安电灯泡、修马桶等生活琐事，尽管有时候我也会装作不会做而在他面前撒娇，其实这些我自己可以很好地解决。这些事情听上去应该由男人去做，但是女人未必不可以做。

俗话说："靠墙墙要倒，靠娘娘要老，靠人人要跑。"不能凡事都靠别人，有些事情必须亲力亲为。我一直觉得自己能做的事情尽量自己去做，依靠别人只是暂时的，父母、朋友甚至是爱人都不可能随时在我身边，不能总依靠他们。人生道路上，有许许多多的事也是他们没有遇到过的，这些也只能我们自己去面对。

某些时候，当你求助于别人的时候，对于别人来说，他也许有自己需要忙碌的事情，因为碍于情面，不得不来帮你解决问题，后来事情虽然替你解决了，其结果是你背了一个大大的人情债。有时候虽然对方答应下来了，也是只能在"百忙之中"抽空帮你去做，敷衍了事，甚至口头答应却不付诸行动，到最后时间也耽搁了，人情也白费了，事情却没有落实，只给自己留下一些遗憾在心头。

我听过这样一个故事：一个月色朦胧的深夜，在靠海的山洞里有一个老和尚正在盘膝打坐。他突然听到了几声哭泣，声音好像来自山脚下的海边，而且哭泣的人是一个年轻的女子。这么深的夜了，情况肯定非同寻常！于是，老和尚从蒲团上立定站起，急忙向海边奔去。

果然，月色当空，海边高高的岩石上，静立着一个白色的身影。就在老和尚即将抓住轻生女子的衣袖之际，那女子纵身一跃，跳进海中。幸好老和尚有一些水性，几番努力，将她救上了岸。然而，被老和尚救活之后，年轻女子不但不感激，反而一脸的忧伤，埋怨老和尚多管闲事！

老和尚问她："年纪轻轻为何要选择轻生之路？"年轻女子喃喃说道："这里是我的美梦开始的地方，所以也应该在这里终结……"

原来，三年前，就在风光旖旎的此处，她与一个前来旅游的年轻人不期而遇，后来两人恋爱、结婚、生子，一切都是那么的幸福。然而，一年前，那个渴望让自己和他共度一生的爱人，却跟她离婚了。她只能一个人带着年幼的孩子生活，因为没有工作，生活陷入困境。儿子患上了重病，她只能日夜不停地哭泣，好像天塌下来一样难以承受。

"我一个女人，没了丈夫，儿子又生重病，再也没有了依靠，活在世上还有什么意思？所以……"年轻女人泣不成声，悲痛欲绝。然而，老和尚不但没有开导她、安慰她，反而放声大笑："哈哈……"

女子被他莫名其妙的笑搞懵了，不知不觉停止了哭泣。片刻之后，老和尚问道："三年前，就在此地，你有丈夫吗？"女子摇摇头。"三年前，你有儿子吗？"女子再次摇头。"那么，你现在不是与三年前一模一样了吗？那时，你独自一人来到岛上，是来自杀的吗？"女子愣住了。

老和尚说："三年前，你既无丈夫，又没儿子，一人来到这里。

现在，你与三年前一模一样，仍是独自一人。三年前，你依靠自己活得好好的。如今你同三年前一样，还增长了更多的人生阅历，依靠自己你还可以生活得更幸福。”

依靠自己，即使身边没有人陪伴，也可以获得幸福。不要把自己想得太过脆弱，我们能做的事情远超过我们的想象。人生的幸福、事业的成功，所有的一切最终要靠我们自己争取，别人只能是在一旁辅助我们。一切希望缘于自己，自己才是人生最坚强的支柱。

不要凡事都依靠别人，在这个世界上，最能让你依靠的人是自己，能拯救你的人也只能是自己。人生不可能一帆风顺，到处都有坎坷，弯路让我们走得更长，更苦，但是让我们懂得更多。

哭的时候没人哄，学会了坚强；怕的时候没人陪，学会了勇敢；烦的时候没人问，学会了承受；累的时候没人依靠，学会了自立。让自己坚强一点吧，谁都不依靠。依赖别人永远不会真正独立。学会了坚强，即使失去了他人的肩膀，一样可以给自己幸福。

Part 6

享受健康恬淡的日子

健康的生活不仅仅需要口味上的清淡，更需要心态上的恬淡。保持一颗平常心，乐观地面对未来，认真踏实积极地做事，也许会在平凡的人生中创造出一份属于自己的神奇来。

别急，美味汤需要慢慢熬

在所有的家常菜中，我最喜欢做的就是煲鸡汤。鸡汤味美营养高，而且具有抗疲劳美容养颜的功效，一直受到我的青睐。听着自己喜欢的音乐，闻着鸡汤的香味，享受着烹饪的乐趣，人生是如此美妙！美味的鸡汤需要用小火熬制一小时左右，这样，食物中的营养物质就会慢慢地熬出来。

烹饪就是这样，要掌握好火候，不能过于追求速度，把火开大，那么煮的食物不但不好吃，甚至有可能会煳掉不能吃。太快了，心太急，往往不能达到最终的目的，也不能好好地体会整个过程，享受最终的结果。生活也是同样的道理，我们不能着急追逐社会上的名利、金钱，而忘了放慢脚步看看沿途的风景。

我的朋友翔是典型的工作狂，每天披星戴月，日夜劳作不息。他忘我地工作，为企业带来了巨大的经济效益，给同事树立了学习的榜样，为自己的房子、车子奋斗。他成为单位里的骨干、红人，被评为劳动模范、先进典型，受到人们的尊敬。他的座右铭是“时间就是金钱”，所有的工作都要在最短的时间内完成，之后去做更多的工作。

他整日整夜地工作，没有周末、节假日的概念。对他来说，家是一个有床的“办公室”，办公室则是加班时可以躺下小憩一会儿的“家”。他也已经形成了快节奏的习惯，吃饭在十分钟内完成，去厕所的时候也是大步流星。有一次，办公室一位女同事换了新发型，他竟然一周后才发现。可想而知，他也不会有时间陪自己的家人和孩子。我常常在想，他那样的人生是多么的单调啊。

放慢工作和生活的脚步，并不是偷懒。放慢自己追逐的脚步，和家人团聚、与朋友聚会，读书看报、参加娱乐活动，看演出、观展览，游览名山大川、投身健身活动，努力让生活节奏慢下来，因为我们工作的目的同样是为了享受生活，也只有慢下来才能更好地享受整个过程，享受生活。

有很多人一辈子都在马不停蹄地赚钱，却忘了停下脚步去好好享受一下生活：人生就像是爬山，如果太注意山上那终极的目标，那么，一路上的好风光、好山水就很容易被忽略，也就难以享受到爬山的快乐。在这爬山的过程中，如果我们学会享受途中映入眼帘的一处处亮丽风景，捕捉到每一幅让人快乐的画面，我们的心情就会舒畅起来。如果只是刻意地去追求山顶的风景，即使登上了山顶，那一路的跋涉也早已使人疲惫，哪里还有好心情去欣赏景色？也许只会怅然若失：唉！不过如此。

其实，物质和利益常常使人迷失，人生的乐趣是用一份单纯的心去做自己想做的事。若能以一颗平常心对待生活，放慢生活的脚步，感受生活中的点滴快乐，把自己从日常琐碎的生活中提炼出来，生活就会充满鲜活而生动的色彩……

熬制各种各样的汤讲究的都是一个“慢”字，生活也需要慢。生活在于细水长流，慢慢地行走，慢慢地体会，才能看清四周的风景，真正享受人生。

生活需要漫步，慢悠悠地走，不急不忙的。有时候你会发现，漫无目的的步行最让人放松。走走停停，一边走，一边东张西望——几乎没有目标，所以心情也就显得格外好，平日被忽略的一些东西还会给你一些惊喜。这个时候，你会发觉日常生活中的一些场所都有一些美感，都能引起人对美的遐想。

精致的生活就像是煲一锅汤，小火慢炖，细细品味。法国是我喜欢的浪漫国度。法国人是最讲究慢吃的国家之一，每天三餐都精雕细镂，法式大餐该有的程序一个都不能少，就在优雅、舒适的环境中尽情品味食物在牙齿间厮磨的感觉。我在吃饭的时候尤其慢，虽然不能让自己像法国人一般就餐，但是我也尽量学习他们的就餐心情。身体是我最珍贵的财富，所以我对于吃的食材十分讲究，一定要买最新鲜的，多吃蔬菜和水果，在干净、舒适的环境里就餐，慢慢地咀嚼口中的食物。我从不将自己的手机和计算机放在餐桌上，只是为了好好享受一顿美餐。

周末的时候，我会关掉手机，推掉一些让我心情浮躁的应酬，享受悠闲的早餐，然后读书，或和家人、好朋友相约外出钓鱼，或在家做一些“慢运动”，比如瑜伽、太极。傍晚的时候，携家人到公园散散步。春夏秋冬，傍晚时分总有不同的风景和变化，不知道你是否有这样的感触呢？

“慢生活”是一种生活态度，是一种健康的心态，在以“数字”和“速度”为衡量指标的今天，少数人仍然保有快乐生活的能力。让我们从快餐时代回归到慢生活，生命本身就会在细水长流中释放它的精彩。

少点味精多点健康

你家中厨房有什么“违禁品”吗？违禁品就是一些对身体不

利的调味品或者是不健康的食品。比如，我的厨房里就有一个黑名单，包括味精、鱼和肉的熟制品及罐头食品、火锅底料、饮料、膨化食品以及各种方便食品等。这些东西一般我不会购买，在烹饪的时候我也不会放味精。少点味精多点健康，不吃味精是对身体最有利的。

说来十分有趣，日本是最早发明味精的国家，自从发现味精对健康不利之后，就不再拿味精当调味品。而我们很多人却十分地热衷它。随着清淡而富有营养的新饮食主义的慢慢兴起，许多人已开始将味精逐出自己的生活。

其实，不仅仅是味精，太过迷恋甜、辣、苦、酸，同样是健康的大忌。人们的味蕾实际上非常脆弱，在不断地受到刺激以后，味蕾对于食物味道的分辨能力越来越弱。不仅这样，重口味对身体也十分不利。我是南方人，以前在口味上是无辣不欢。虽然新鲜的辣椒可以带来丰富的维生素，但我更喜欢各式各样的辣味食品。

辣虽然是五味中的配角，却往往成为喧宾夺主的角色。到最后，不得不为了解除辣的口感而吃更多的主食，喝更多的冰啤酒、冰可乐。辣简直就是一个霸道的“情人”，充满诱惑又让人对“她”的坏脾气欲罢不能。重辣的后果就是刺激肠胃，破坏胃黏膜，诱发各种胃病。辣还与整个消化系统疾病（如肠道刺激、便秘、痔疮）有不解之缘。好在到了北方之后，我的口味慢慢变淡，不那么能吃辣了。特别是生了孩子之后，家中的食物都做得很清淡。

最近，都在提倡“淡生活”。没错，口感淡下来了，身体才会健康，心才会淡下来。在家中，父母有高血压，先生有轻度脂肪肝，所以我们拟定了一份食物黑名单，把危险的高盐食品列入其中，平时尽量少吃或不吃。

淡生活，除了淡口味，淡心态也很重要。一个人要以清醒的心智和从容的步履走过岁月，他的精神中必定不能缺少淡泊。否则，他不是活得太忧郁，就是活得太无聊。淡泊，不是不求进取，不是无所作为，不是没有追求，而是以一颗纯美的灵魂对待生活和人生。“不以物喜，不以己悲”，如果我们的心境离尘嚣远一点，离自然近一点，淡泊就在其中。这或许是人生的另一个境界，能做到的人又能有几个呢？

想必很多人都喜欢钓鱼。坐在河边，手里轻轻握着鱼竿，静静地等着鱼儿上钩，是一件很快乐、很享受的事情。但不是所有的人都可以享受到这份淡然的心境。有一个年轻人也喜欢垂钓，但总是一无所获。于是他就问身边一个垂钓的老人，钓鱼是不是有什么技巧。

老人笑笑说：“你是在钓鱼，只是一心想得到鱼，目不转睛地盯着鱼看有没有钓住你的鱼饵，所以你看见鱼不上钩就心浮气躁，情绪不断发生变化，鱼都被你的焦躁情绪吓跑了。我呢，我是在垂钓，垂钓跟钓鱼不一样，我垂钓的时候，只知道有我，不知道有鱼，鱼来我也不喜，鱼去我也不忧，我心如止水，不眨眼，也不焦躁，鱼感知不到我，因此就没必要逃跑。”

钓鱼是修身养性的一件乐事，估计有很多人像那个年轻人一样不能达到垂钓的境界，而老人恰恰就做到了这一点。其实，生活何尝不是这样，人的一生兴衰荣辱，得失进退，总是会荡起我们心湖的涟漪，让我们焦躁、忧愁，在人生的大起大落中不断受伤害。

如果我们能做到得之不喜、失之不忧、宠辱不惊、去留无意，心境平和、淡泊自然，自然能免受伤害。人生在世，往往不会一帆风顺，有进有退，有荣有辱，有升有降，有高潮，也有低谷。

世间的一切恩恩怨怨、功名利禄皆为短暂的一瞬。福兮祸之所伏，祸兮福之所倚，大可不必太在意人生历程的潮涨潮落。只要悟透了其中的道理，便会豁然开朗。

《圣经》说：你出自尘土，必归于尘土。既然一切皆空，如此，我们来到这个世上，不妨做做主人，且要做一回大度的主人，不必因计较得失而设计最美的行程。这样，即使将来归于尘土，也坦然自若。

平淡的日子不会永远平淡，只要怀有淡泊的心境和一生一世永不放弃的追求，定能获得生活馈赠的那份欢乐和成功给予的那份慰藉。做人要有几分淡泊，淡泊是一份豁达的心态，是一份明悟的感觉。淡泊为人，才能活得自在，才把自己的本色演绎得精彩。

想要的，并不是一定需要的

周末，与好友一同去商场购物。当我准备去收银台付钱时，好友轻声地问："你觉得这件衣服是你需要的还是想要的呢？"她这一问，倒让我一时间无法回答，家中柜子里的衣服实在是太多了，不多这一件，也不差这一件，不是需要而是想要。如果换作以往，我势必一口气买回好几件，那天，由于好友的提醒，我一件都没有买。

回到家中打开衣柜仔细清理，我才发现，上一季买的几件新衣竟然还没穿过，标签还在衣服上挂着。这些衣服，由于已经过季了，再穿的时候，势必要等到下一季。而我也知道，一旦到了下一季，我一定还会去商场“血拼”几件回来。

那天，坐在衣柜前，我不由地陷入到了沉思之中。生活当中，这种需要和想要的东西，太容易让人混淆了。需要的东西，实在是太少了，我们需要一日三餐，需要一张床，需要一个家。可是我们想要的却不止这些，想要进豪华餐厅，想要一栋大房子，想要坐更舒适的汽车……我们所有的努力和奋斗，其实，就是想让自己生活得更好，因为想要更多，所以才会在这尘世上奔波甚至迷失，身累心也累。可是一旦拥有了这些财富，又有多少人能够体会到快乐呢?

正如此时的我一样，虽然拥有了一柜子的衣服，却并没有满足。在那之后，我改掉了“想要太多”的毛病。虽然，我同以往一样努力地工作，但我却不再固执于自己想要些什么。因为我知道，需要的东西不多，想要的太多，所以，才会拥有无尽的烦恼。“需要”是一件快乐的事，“想要”是一件痛苦的事。想要的东西得到了是很快乐，而得不到却很痛苦。比如说：我需要一辆车，也买了一辆车，这不是累赘。但是如果我看了人家的车子觉得都很好，我都想要，一辆一辆的买，先不说自己的经济能力是否能支撑，起码我要想办法来保养这些车子、照顾这些车子，这就是累赘了。所以“想要”是痛苦，“需要”是快乐。

有时候，我们迫切想要的东西，其实并非我们真正需要的东西。的确，我想要很多东西，可是再仔细考虑一下，就不见得非要不可了。因此，我们必须要将“需要”和“想要”区分开来。

在这个充满物欲的社会，我们想要的越来越多，很多人在想要的时候总会拿需要来做幌子。更舒适的享受，更漂亮的衣服，更伟大的成功，以及更多的名利……这些都不是能轻易得到的，需要更努力的工作来争取。可好不容易到手了，或许也不会令我们感到幸福。

我们需要的是什么呢？就是那些让我们赖以生存的东西：阳光、空气、水分、起码的食物、御寒的衣服，避风遮雨的房子……当然，在我们这个时代，基本的交通工具、电脑、电话也成为需要的，有这些必需品并不算是欲望。

而欲望是什么呢？是除了必需品之外的奢侈品、装饰品，只为了满足自己的虚荣，或撑场面用的东西。不过，在不同的场合、根据不同的地位，还是要体现一定的尊严。那也算是一种需要，但一定要有适度拿捏的分寸。千万不要跟着社会潮流人云亦云，只要别人有的，自己都想有。

在自己贪心不足的时候，我经常会列一个清单，将自己的收入记录在最上面，下面依次写上自己想要买的东西。然后把这些想买的东西拆分为两列：一列写出自己必须要买的东西，如生活用品、午餐、女性用品等。另一列写出自己想买的有趣的、好看的东西，比如一款新包包、一件新衣服、一件奢侈品等。把必须买的东西的费用累计相加，将它与每月总收入进行比较，看看还能剩余多少钱。

因为每月必须要给自己的账户存上3000元钱，当发现余额不足时，我就会将那些不必要的东西去掉。等过了一天，我再去看这张清单的时候，我发现很多东西都是我一时兴起，想要买的。心里有了这张清单，再去逛街的时候就不会出现什么都要去买的状况了。

要学会克制自己的欲望。好东西太多了，吸引我们的东西也太多了，但不一定所有的好东西我们都得拥有。

总有些事让你欢喜让你忧

朋友小方是一家强手如林的广告公司的老总，每次的广告策划案都让她绞尽脑汁，疲于奔命。进入这家公司一年来，她消瘦了不少。

小方经常感觉自己的大脑像枯竭了一样，找不到灵感。虽然事业上卓有成就，但是至今仍是单身，有时候想找个人倾诉一下，都不知道去找谁。总是一个人单打独斗，不能跟别人分享快乐和痛苦，我想也是一件郁闷的事。

正巧有一个朋友家中的猫咪生了一窝可爱的小猫，我挑了一只全身洁白的小猫送给小方。小猫刚见到小方时，目光柔和地望着小方“喵喵”直叫，像是在打招呼。小方看到它喜欢得不得了。

小方用隆重的仪式欢迎她的“小朋友”到来。小方先是用沐浴露为小猫洗了澡，用吹风机最小的风量吹干了它的毛，然后用梳子轻轻梳开。小猫顿时变成了一个可爱芳香的白球。小方还给它取了个洋气的英文名 Snow，中文名即白雪。

小方每天都精心地喂养可爱的白雪。下班之后，小方经常放上一段轻音乐，一边喂白雪吃东西，一边对白雪讲话……白雪成了小方生活中不可缺少的伙伴。晚饭后，小方不再一个人躺在床上看电视，而是抱着她心爱的白雪在小区里散步。总之，白雪的到来给她的生活带来了许多的乐趣，虽然她还会不可避免地遇到种种困惑。

有一天，小方和白雪闹着玩，白雪长长的爪子一下子划伤了小方，小方呵斥了一声，白雪仓皇逃跑。小方的手出血了，到小区诊所检查的时候，医生对她说，养宠物尤其要注意卫生和安全，不然对身体十分不利。

白雪渐渐长大，也没有小时候那么可爱了，麻烦接踵而来。它的爪子越来越尖利，有时会把家里的沙发套、床罩抓坏；它整天蹦上蹦下，把厨房弄得一团糟，特别是如果几天不换猫沙，家里就会有臭味。小方向我诉苦，说想把白雪送给别人。想起白雪曾经陪伴自己的那段日子就心软，但一想到它带来的麻烦就会很生气，不知道要如何选择了。我对她说："你只想接受白雪给你带来的快乐，却不能接受它带来的麻烦，天下哪有这么完美的事情。"小方不吭声了。

世界上没有完美的事情，很多事情让我们欢喜，但同时也会给我们带来烦恼。爱情是这样，它会给你带来激情、新鲜和快乐，同时也会带来争吵和哭泣；婚礼会带给你天长地久，婚礼流程却会给你带来一系列让人抓狂的麻烦；工作会给你带来金钱，同时也会给你带来无休止的加班和职场上的钩心斗角、潜规则。很多事情都是如此，你在接受一件事情所带来的快乐时，也要学会接受它所带来的痛苦；你要接受一个人的优点，也要能够接受一个人的缺点。

"痛并快乐着"就是这样的道理，面对事物的两面，你拒绝它给你带来一小部分的麻烦和痛苦，就是拒绝了它带来的所有快乐。

总之，我们有接受快乐的心情，就要有接受痛苦的心态。遇到困难的一面时，要勇敢地面对它、接受它、处理它、放下它。

回到小方的事情上，当遇到宠物带来的麻烦时，先去正视它

世界上没有完美的事情，很多事情让我们欢喜，但同时也会给我们带来烦恼。

带来的问题，不要忙着发火，不要抱怨，要学着接受它，寻找解决问题的办法。倘若你从它身上得到的快乐大于痛苦，那么你的付出就是值得的。我们也只有在接受了这份痛苦之后，才会更加珍惜这份快乐。有了比较，我们才会知道幸福的意义。

累了就停下脚步歇一歇

表姐来家中玩，看到脏衣篮中的几件衣服，对我进行了批评教育。她说，作为一个已婚女人，每天都应该把家里收拾得干干净净。表姐是个传统的全职主妇，勤快能干，她的家里几乎是一尘不染，但就是缺少那么点情调。她边念叨，边拿起拖把马不停蹄地给我拖厨房地板。

我说：工作太累了，等我休息好了再收拾也不迟。生活不能在难为自己的过程中度过，应该张弛有度，如果感到疲惫就应该休息。那些脏衣服暂时放在那里又有什么关系呢？我们总不能为了达到干净整洁的标准而把自己活活累出病来吧？

我觉得自己需要休息的时候绝不强迫自己继续工作，这是我的生活原则。当然，我也不会因此而故意偷懒。

疲劳容易降低人身体的抵抗力，让人容易患上感冒或其他常见病。心理专家也说，疲劳也会降低人对忧虑和恐惧等消极情绪的抵抗力。所以，防止疲劳也能防止忧虑。当我们感觉到十分疲惫的时候，就是身体发出“警报”了，此时需要长时间休息恢复，但效果并不好。相反，在没感到累的时候主动休息，体力恢复会更快更好，不容易生病。我们每隔五天安排双休日休息，就是这个道理。

休息半个小时或者一小时并非浪费生命，而是为了让自己变得清醒，让自己有精力去做更多清醒有效的事情！据说，美国陆军在行军的过程中，都会要求自己的部下每隔一小时卸下身上的背包，休息十分钟。仅仅是十分钟，却可以大大提高行军的速度，士兵的脚步也更具有持久性。

生活中，我们总是感觉自己太忙了，太累了，总觉得时间不属于自己，而是属于工作，属于孩子，属于没完没了的应酬。生活仿佛是规定好了的程序，机械而又麻木，身心透支，一切感觉不再鲜活。如果这样的话，就说明自己该休息了，何不停下自己匆忙的脚步好好休息一下呢！

你是否需要休息，你不知道，但是你的身体知道。不是有那么一句话吗，不懂得休息的人就不会工作。躺在床上听着音乐，或者是小睡半个小时，等到自己身体恢复的时候，再起床做家务，效率很高，而且心情也不错。

休息并不是什么事情都不干，而是修身养性。人体在休息时，具有很强的修补能力，哪怕你只是眯了几分钟，这对于防止疲劳也是很有效的。

到外面走走，让匆匆的脚步缓慢下来。看看周围的风景和人物，抬头看看一望无际的天空和如絮的白云，看看如镜面一般的湖水，融入自然，寻找轻松、自由的自己。有什么疑惑，就从繁忙中走出来，到自然中寻找帮助和答案。

推掉一个看似非常重要的应酬，陪父母和孩子看看电视，父母的表情露出惊喜，孩子环绕着你周围撒欢儿。这时你会发现，他们原来是那么需要你。平日里之所以不和你说话，是因为他们看你太繁忙，怕打扰你。

你甚至只需要闭上双眼小憩十分钟，只要十分钟——属于自己的十分钟，与外界隔绝的十分钟，只是静静地坐着、躺着，闭上双眸，让大脑停止转动，血液循环慢下来，就够了！

人的感情和心灵也一样需要休息。累了，就不要去想那么多，要给自己一个缓冲的时间和空间。停下只是暂时的，不代表不会继续前进，只是给自己一个喘息的机会。

每当疲惫的时候，就停下脚步，遥想追逐的远方，吸取力量再上路；每当困惑的时候，就停下脚步，梳理纷乱的思绪，驱走迷茫再上路；每当痛苦的时候，就停下脚步，抚摸流血的伤口，擦干眼泪再上路；每当想放弃的时候，就停下脚步，做出艰难的取舍，振奋精神再上路。

累了，就停下脚步，休息一下！我们停下脚步，只为走得更远，休息只是我们在必要的时候换一种继续前行的方式。

想一想贫困年代的生活准则

“物尽其用”是我母亲的生活准则，也是贫困时期一代人的写照。在那个贫困、物质匮乏的时代，任何东西都要尽量利用，一点也不可以浪费。在母亲眼里，物尽其用是持家的法宝，可以支撑一个家庭的运转。不然，如何生存下去？

我记得小时候，母亲做衣服剩下的小布头从来不会扔掉，后来攒了很多，整齐地放在衣橱中，等到衣服破了的时候就用这些小碎布缝缝补补；家里陶瓷罐的盖子摔坏了，母亲就用陶瓷罐当容器来装小东西。那个时候，好像不存在什么坏了的东西，因为母亲总能发挥它的用处。

这是母亲的生活哲学，因为懂得物质匮乏的痛苦和无奈。长大后，我也继承了母亲的生活态度，物尽其用，整理出自己不再需要的衣服或者是书本，我都会寄往需要的地方。先生曾对我提议说，不如卖掉好。但是，破旧的衣服一般没有人会收购，旧书更是卖不了几个钱。而如果捐出去的话，那就意味着那些没有衣服穿的贫困儿童在冬天的时候可以穿得暖和一些，在四壁透风的教室里能够减少一些双腿麻木的感觉。一本书可以让没有电视看的孩子们看一看外面的世界，甚至可以改变他们的命运。很多东西都可以循环使用，对于需要的人来说，破旧的东西甚至可以称得上是一种财富。

在一些发达国家，像美国、德国、日本、俄罗斯等，都实行课本循环使用制度。在美国，一本教材至少要 8 个学生使用，平均使用寿命 5 年。而在我们国家，许多仍然很新的书都被扔掉了，一些贫困地区的孩子却没有书。我国人均资源占有量本来就低，物品更应该循环利用。

一件东西，只有发挥它最大的作用，才算是实现了它的价值。有时候，我也在想，为什么母亲那个时候很少有垃圾？因为那个时候大家都懂得“变废为宝”。其实，世界上并没有那么多垃圾，只是我们不能好好利用它们罢了。“变废为宝”是一种很好的生活态度，像我就经常利用自己的发散思维，将家里的旧报纸、旧光盘等很多看似毫无用处的东西，出其不意地变为新的生活必需品。其中，最值得炫耀的就是我用可乐瓶子做的小凳子，儿子爱不释手，吃饭、玩耍都要在上面。变废为宝在技术上并不难，关键是要有变废为宝的创意和心情。

不知道你是否见过别人用废弃的灯泡养植物？干净的玻璃盛满水，配上清新的绿叶，别提多养眼了。还有的将灯泡涂上白色和黑色，做成小雪人，放在家中作装饰品。这些“变废为宝”的DIY 工艺品，就是物尽其用。很多创意家居、创意生活都是来源于此，所以，我经常建议身边的朋友开动自己的大脑，或者是到网上搜罗一些好想法，将家中废弃的物品制作成孩子的玩具或居家装饰品。

一个东西只要我们肯动脑筋，就一定能找到适合它的位置，让它继续发挥作用。我个人非常喜欢油画，虽然不是什么名画，但都有一定的创意，在闲暇的时候一幅幅看过去，心情会很好。只是，时间一长，家里的油画有些“泛滥成灾”，空闲的地方都已经挂满了，实在没有地方安置这些东西了。终于有一天，先生一狠心，把这些油画都卷起来，收进了暗无天日的地下室。我也很无奈：“实在是委屈它们了，但实在用不了那么多。”

偶尔，想起那些油画，就到地下室看望它们，发现油画上已有了一层厚厚的灰尘，显得失落而孤寂，我的心里便有些空空的……

前不久，一个朋友买了新房子，我看到他“家徒四壁”的样子，马上想到了我那些油画，于是赠送给他。我惊喜地发现那些“落寞的油画”笑了，朋友也喜欢，这些油画搭配古色古香的实木家具，相得益彰，煞是惹人喜爱。那一刻，我豁然开朗：这才是最适合油画的位置。

一件物品总会有它的用处，与其闲置，不如找个合适的位置，让它发挥最大的用处。

肥皂剧会导致你营养不良

在家里照顾孩子的妈妈，一部分时间用在了孩子身上，可能另一部分的时间就用在观看电视剧上了。我身边的全职妈妈们每天晚上都追着时下的热播电视剧，从《宫》到《步步惊心》到《倾世皇妃》，一部都没落下。这是让我很嗤之以鼻的事。

其实，我以前也喜欢看电视剧，看的时候陷进去，看过之后又忘掉。后来，先生给我推荐一些纪录片看，我也就慢慢地戒掉了看肥皂剧的习惯。

肥皂剧有一个很形象的名字，叫 Soapopera，它是以家庭问题为题材的广播或电视连续剧，以家庭妇女为主要观众，以普通家庭生活环境为舞台，所以很受广大女性的欢迎。它的本来意思是：人们可以边洗泡沫浴边看连续剧。

喜欢看肥皂剧的人，慢慢地会发现，肥皂剧只能逗你一乐，却没有太多的学习价值，看多了反而让你变得傻乎乎的。有个名词叫“剧傻”，意思是肥皂剧看多了，人也会跟着变傻。奥地利林兹大学心理学家马库斯·艾派勒说，肥皂剧和偶像剧里相对简单化的社会背景和“脑残”的对白，会在不知不觉中影响观众的思维方式、判断能力和逻辑性。他把这种现象称为“行为同化”。

心理学有种说法，叫近因效应，就是说，人会受到离你最近的因素的影响。持续看一段时间某类型的电视剧后，剧中人物的说话语气、思维方式，都会在观看者身上有所体现。不过这个影响很短暂，脱离电视剧一段时间后，观看者自然会恢复，不会变“脑残”。

肥皂剧中的社会环境通常与现实不符，剧中满大街的“高富帅”手眼通天，确实容易让人迷恋其中，甚至把自己融入其中，人生观、价值观、爱情观都可能发生偏差。热衷于肥皂剧、花大把的时间坐在电视机前，标志着一种久坐不动、居家不出门的生活方式，这会让人的智力下降。

因此，与其看肥皂剧，不如看一些时效性的新闻，了解身边发生的事情。我目前关注最多的就是看一些养生类节目，弄明白怎么吃最健康。

相对于那些没有实际意义的肥皂剧，养生的节目是不错的选择，毕竟一些著名专家所讲的医学、保健常识对家人的健康十分有利。

夏天的时候，外面三十七八度的高温，先生每天都浑身无力，但工作量却不会因为夏天的来临减少；孩子正是长身体的时候，但到了吃饭的时候总是食欲不振。这在其他季节都没问题，唯独夏季，明显一家人都懒懒的谁都没胃口吃饭。听节目的时候，专家指出了夏季怎样吃又健康又开胃，我就照做了。我给他们做些“凉性蔬菜”，我们常吃黄瓜、西红柿、芹菜、藕、绿豆芽、空心菜、大白菜、白萝卜、冬瓜、丝瓜、苦瓜、茄子、菠菜、小白菜、油菜、莴笋、苋菜、紫菜等这一类偏寒凉的蔬菜。因为受惠于节目，每天我都会准时看。

较之于看电视，看书和看报也是很好的学习和获得信息的方法。天天看电视，以为自己增加了好多知识，其实这仅仅是错觉而已。读书让你增长的知识有可能是你看电视所获得知识的十倍、二十倍，一本好书可以受用终身。把自己喜欢或者是感兴趣的书

有个名词叫“剧傻”，意思是肥皂剧看多了，人也会跟着变傻。与其看肥皂剧，不如看一些时效性的新闻，了解身边发生的事情。

下载到自己的手机里，既省钱又方便。

不要把时间浪费在一些没有意义的事情上。虽说看电视是为了满足精神方面的需求，但是它与现实生活往往相差十万八千里。因此，为何不去关注身边的父母、爱人、孩子、朋友、亲戚，关注身边的真人真事，在现实生活中寻找真正的温暖和感动呢！

过多关注那些虚构的电视剧，生活中所有的时间都用来暗自神伤和逃避现实了，而我们最终还是要回到现实中，思考现实，面对现实，从现实生活中寻求最真实的意义。

活着就是幸福

5·12 汶川大地震已经过去几年了，但是人们关注汶川的目光却没有转移，每年的 5 月 12 日，人们还会哀悼那些逝去的生命，为活着的人祈福。

“活着的人认为活着是一种痛，是因为没有经历过死的痛。”虽然我没有亲身经历过汶川大地震，但当我看到灾后现场时，我真正地体会到这句话的含义，体会到生命真的是很脆弱。永远忘不了那一幕，废墟上露出一个紧紧握住笔的小手，一个无辜的生命不幸消失了。死亡与不幸随时都会在我们身边发生，我们完好无损地活着，就已经需要感恩了。谁都知道，在这世间，再也没有比生命更宝贵的东西了。

当我们清楚地看到死亡将人生所有的幸福统统带走的时候，才开始使尽全身解数去维持那即将逝去的幸福。记得第一次看到

"假如生命只剩下三天，你将如何度过？"这句话时，我的第一反应是：三天太少，我还要再争取三天，否则生命中会留下太多的遗憾。

生命中还有很多美好的事情需要我去做，还有很多约定等着我去实现。我和父母有一个约定，等到节假日的时候要陪他们一起去看电影、吃最爱的火锅；我和朋友有一个约定，到周末的时候要去听Eason的演唱会；我和爱人有一个约定，以最快的速度飞到欧洲，看一场足球赛；我和自己有一个约定，要到夏威夷去度假……活着，就是一种幸福，因为可以做很多美好的事情。

契诃夫在《生命是美好的——对企图自杀者进一言》中有这样一段话："要是火柴在你衣袋里燃起来了，那你应当高兴，而且要感谢上苍：多亏你的衣袋不是火药库。"

作家史铁生也说过这样一段话："生病的时候，怀念那些不生病的日子；病重的时候，又怀想病轻的时光，人总是这样，很多时候，我们不知道自己想要什么，失去时，才知道没有比失去更糟糕的事情。"但愿不要让这样的事情在你的生活中发生，因为人生只有一次，不能重来。

然而，我们身边总是有这样的人，下班后，叫上一群朋友，几杯啤酒下肚，就开始抱怨自己的薪水不高，老板有这样那样的缺点；抱怨家庭，妻子怎样唠叨，不通情达理；抱怨父母，如何成为累赘……要么咒骂这个世界，要么抱怨自己能力不够。

生活中的小麻烦和小忧伤是不可避免的，但为什么要把和妻子的一次争吵上升为婚姻不幸呢？为什么要把儿子的调皮视为教育失败呢？为什么要将小问题放在放大镜下去看呢？

死亡与不幸随时都会在我们身边发生，这确实是让人心痛的事。我们活着，就是幸运的。既然我们依然拥有宝贵的生命，为何不用歌声和欢笑装点、打扮它呢？装点生命，其实就是装点我们自己啊！我没有听说过谁是在埋怨自己生命的过程中获得解脱的，我倒听说过很多因为不断埋怨自己的生活和命运而把自己的一生弄得一塌糊涂的人。

生命的每一个淡然而平静的瞬间都充溢着家人、朋友、爱人的身影，无论干枯，或悲或喜，他们都陪在我们的身边。这些都是真实、简单的生活，朴素的真实，写满了你我今生幸福的气息。

活着的我们，应该珍惜生命中的每一天，爱自己多一点，爱自己的家人多一点。在这里，我想对喜欢埋怨和自寻烦恼的人说一句：活着就是幸福。在埋怨之前或是烦恼得要命时，摸着自己的胸口默默地说三遍：活着就是幸福！相信你会从中获得心灵之光的照耀，重新回到你少年时就在内心深处描绘出的理想之路上。

提高自己的“诱惑临界点”

每逢季末打折，很多朋友都会上街淘宝。然而，面对应接不暇的换季打折促销活动，面对商家的折扣诱惑，很多朋友就会“随便动心”，就会忍不住买很多。但每次买回来之后，却发现自己不是很喜欢，或是家中不太需要，便束之高阁。这种做法其实很浪费。

“商品大减价，商品买一赠一”活动，以前对我是致命诱惑，现在面对它们时，我能泰然处之，认真思考一下自己是否需要。这些东西虽然很便宜，但是花很便宜的价钱买自己不用的东西，也是很不明智、很不划算的事。与其买回家后悔，不如在开始时就极力克制住自己，看好自己的钱袋。

有时候，我们为什么不能经受住诱惑呢？经受不住打折的诱惑，金钱的诱惑，名誉的诱惑，利益的诱惑……其实，这都是我们的贪婪心理在作怪。有的人为了能升官发财，为了从中赚取大量的金钱，滥用职权，贪污受贿，等待他们的是法律的严惩；有的人为了能早日脱贫致富，飞檐走壁，入室抢劫，最后锒铛入狱；有的人为了贪图一时的痛快，不惜一切代价买来毒品，疯狂地注射吸食，结果是不但钱没了，身体还受到了极大的伤害；有的人想不劳而获，拿全副身家豪赌，结果必定是以悲剧收场……他们都是因为抵挡不住诱惑，一念之差，走上了违法犯罪的道路，毁了自己的前途。

人的一生，就是不停地在一个个十字路口前进行选择。面对诱惑，我们将何去何从？如果你的意志足够坚强，那么你能够正确地走向人生的下一个十字路口。但是，如果你忍受不住诱惑，为了眼前小小利益而歪曲你本来正确的选择，那么最终走向的就是错误的人生。

诱惑随时可能出现，面对诱惑，人人都会心动。但是，只要我们提高自己的“诱惑临界点”，就不怕什么诱惑。曾经有人做过一个实验：他问两个男人，如果有人出100元买你们的爱妻，你们是否愿意。两人都摇头。他又问道：如果出100万元呢？其中一个点点头。他继续问道，100亿元呢？结果另一个人也点了头。

100元的价格上，两个男人都是道德的；100万元时，一个男人走向了不道德；100亿元时，另一个也下了水。

是不是100亿元的男人比100万元的男人更道德些？我不敢

肯定，但有一点可以肯定，前者比后者经得起诱惑一些，他抗诱惑的临界点更高，因此，他可以更多时候保持道德的风范。

英国大哲学家罗素说过：人之所以有道德，是因为受的诱惑太少。面对如此众多的诱惑，我们不可能纯洁到视任何诱惑都不动心的地步，但我们可以提高自己抗诱惑的临界点。

提高抵抗诱惑的临界点并不是抵抗别人的什么东西，而是抵抗来自自己的欲望和需求。怎么做呢？很简单，降低自己的欲望，别把自己的需求看得太重。

面对诱惑，我们首先要心平气和地看待它，思考这些诱惑会带来怎样的后果，思考一下别人是否能够接受，自己是否能够接受。如果自己无法接受，那么就要清晰地告诉自己，不要去碰它。

还有一个很好的办法，就是找一个替代物，比如说减肥的时候特别想吃肉，但是代价又特别的大，这时不妨用水果来替代，将自己“犯罪”的概率大大降低，同时去享受诱惑，这不是很好的选择吗？

在我们面对任何“诱惑”的时候，都用这种逻辑去思考，并不断强化自己的这种“抵抗诱惑”的意识，那么，我们的意志会变得更加坚强，也能更理性地观察自己面对的生活。

不想要的就不要了吧

每次搬家都要淘汰一部分久置不用的东西，这次也不例外。人说女人的衣柜就像后宫，佳丽三千，宠爱的就那么几件。这次收拾衣柜时，发现有很多舍不得丢掉的衣服：多年不穿的粉色皮草、羊绒大衣。还有那条红色的长裙，当年光鲜地穿在身上，赢得几多赞美。穿上白裙子每个人都很美丽，但不是所有的人都能穿出红裙子的美。现在看着它，我仍是爱不释手。可是，虽然喜爱，但穿的机会却几乎没有，于是它们就都成了“鸡肋”。留着它，占地方；丢了它，太可惜。后来，我终于狠狠心，把它们都处理了——能送人的送人，不能送人的扔掉，就把曾经的记忆都留在心底吧。

这次搬家不只是衣服，还有旧家电、旧家具、旧书等，都成了“鸡肋”，不得不退出我的生活。

其实，何止是这些东西让我们难以割舍，连同我们的爱情、友情、工作，都可能因为时间、机遇等种种原因成为“鸡肋”，这比丢掉旧衣服更令人纠结，让人进退两难。

我的朋友文远上大学的时候和一个男生交往三年，两个人白天一起上课，傍晚的时候一起在校园里漫步，从他们幸福的眼神中就可以看出这段爱情很完美。可是，大学毕业后，两个人各奔东西，最终还是分开了。后来，文远马马虎虎地谈了几个男朋友，但最终都没有结果。

几年后，他们在一次同学聚会上又遇见了。男孩说还是喜欢她，可是，她对他已没有任何感觉。再次相遇让她有些尴尬。文远说，这个男同学已不适合做男朋友，做普通朋友又担心他献殷勤，断绝联系又于心不忍，毕竟认识十多年了，对方也是个好人。最终，没等文远做选择，两人心照不宣地慢慢疏远，直至再无联系。很多东西，当我们有了“鸡肋”之感，都难逃被舍弃的命运。

感情不可能委曲求全，很多事情都不可能将就。不然，可能会破坏美好的回忆，给心灵套上厚重的枷锁。成了鸡肋就选择舍弃，将那曾经的美好封存在记忆中，带着希望和激情勇敢地走下去，下个路口还会有合适的人在等着你。

生命中，总有一些人和物带给我们欢愉和激情，有些人的出现可能是为了教会我们如何成长，或者是带领我们摆脱痛苦，在这之后，他们就脚步匆匆地离开了，成了我们生命中的过客。有时候，我们心有不甘，总希望能够与相爱的人天长地久，但是随着时间的流逝，我们不断成长和变化，曾经一致的步调已经不再协调。这个时候痛苦地留恋，不如痛痛快快地忘掉。就像衣柜里的大衣再美丽也只是曾经，日子还要继续，我还会碰到比它们更漂亮的衣服，还会有更多美好的经历要进入我的生活。

不仅在感情上如此，在工作上也一样。有一个女孩工作三年半，大学毕业后就在现在的这家外企办事处从事内勤的工作。工作内容很杂，工作量也非常大，但是待遇还不错。刚进公司时，薪资 3000 元左右，还有半年奖金及年终奖金发放，整体待遇还算可以。

因为做的都是简单的事务性工作，学不到什么东西，每天好像就是在打杂，而且鸡毛蒜皮的事情特别多，她感觉很烦躁。如果不是因为待遇相对来说还可以，她早想走了。但是现在年龄越来越大，不想混日子，怕以后的日子更不好过。由于金融危机的冲击，她被降薪了。现在她很压抑，每天重复相同的内容，没有什么成就感，也没有好的发展。她心里想走，但是不敢走，也不知道往哪里走。留下吧，她又感到痛苦。

我想，很多人都会有这样的困惑。在岔道上，有很多选择。一旦你选择了一条路，便只有一条路可走了，而如果现在有机会让你退回到路口，路多了许多，你是选择原路呢，还是重新选择呢？如果想平庸地过一生，就做好现在的工作，如果不甘心违背自己的心愿，就勇敢地走出去。

一个人要想进步，就要勇于丢掉“鸡肋”。一件东西如果可有可无，最好就舍弃它。如果抱住不放，就会占据你的时间、空间和精力，而它们本可以是留给更有价值的东西的。

如果你没有勇气丢掉那些“鸡肋”，就永远不可能达到新的高度。只有当你果断、毫不拖泥带水地离开那些可有可无的人或者是工作的时候，才能发现新的更加广阔的世界。

斤斤计较并不能得到什么

在市场买菜时，我经常碰见让人哭笑不得的场景，比如下面这个：

一个女人买了两个青椒，老板说是八毛钱，女人掏出五毛钱递给他，说：“差你三毛吧！”老板一副委屈的样子说：“你就买了两个青椒，根本就没有什么利润，这不是三毛钱的事情，你还是按原价给我吧。”女人并没有不好意思，继续伸了伸手里的钱说：“不就几毛钱的事吗，你何必计较！赶快拿着吧，不要耽误我回家做饭！”老板没有理女人，忙着给其他买菜的人称重。女人看老板对她不屑一顾，就开始发飙了，把青椒往菜摊上一扔，嘴里咕哝了一句：“我还不买你们家的烂菜了呢！”

老板看女人没有理还倒打一耙，火冒三丈，冲女人喊：“几毛钱都给不起，你还买什么菜！”听卖菜的人在背后这样说自己，女人也不甘示弱地叉起腰来，和老板对骂起来。两人声嘶力竭，引来众人围观。

真是“三毛钱引起的对决”，身边这样的例子太多了，在买菜的时候为了省几毛钱，和摊主较起劲来，不把那个零头去掉自己心里不舒服。可是这样值得吗？估计这个女人以后再也不会到这家来了，其他的摊主也未必乐意卖东西给她。

我们常说：面对小事情不要斤斤计较。因为人生的幸福不在于得到的多，而在于索取的少。凡事斤斤计较的人看似得到的比别人多，其实争来争去的无非是一些微不足道的东西而已。

对于所有的人来说，生活都是由小事组合而成的，每个人的生活中，小事都是无处不在，无时不有的，如果过于计较，那么人生就根本没有什么乐趣可言，触目所及的都是矛盾和冲突。

挤公交的时候，有人不小心踩了你的脚；买菜的时候，有人无意间弄脏了你的裙子；有时在路上，被陌生人误撞了一下……此时此刻，如果你不大事化小，小事化了，而是口出污言秽语，大发雷霆之威，说不定会闹出什么祸事来。这样做，值得吗？

有一次去看电影，一对年轻夫妻和我坐在同一排，妻子被后面的男观众无意间碰了一下。对方声称自己不是故意的，但那妻子不依不饶，硬说对方是耍流氓，还不停地大骂对方。双方越吵越激烈，女人的丈夫也对那名男观众大打出手，一件小事顿时变成了大事。最后，这对夫妻没看电影就走了。我为他们感到很丢人。

古语云：让一让，三尺巷。人生之事，只要不是原则性的大事，得过且过又如何？计较是一块吸引烦恼的磁铁。如果你啥事都计较，就难免烦恼重重。烦恼就像人生长河中的浪花，让我们心里出现莫名的忧愁。虽然烦恼无处不在，但烦恼不是无法化解的。人要排除烦恼的困扰，就要学会忍辱容让，学会宽宏大度，要有“宰相肚里能撑船”的雅量。

其实，事事计较、精于算计的人，不但会损害人际关系，而且对自己的身体也极有害。《红楼梦》里的林黛玉，虽然聪慧过人、相貌出众，可总是因为小事情而伤神，别人的一句话都会让她郁闷不已，夜不能寐，终于落得个“红颜薄命”的悲剧。

计较别人的过失和错误，往往会给自己带来烦恼，就等于是拿别人的错误来惩罚自己。你千万不要以为，你不原谅对方，就可以让对方得到教训。事实上，不原谅别人，真正受害的却是你自己，一肚子窝囊气不说，甚至连觉都睡不好，还可能会闷出病来！

有生活智慧的人，只计较对自己最重要的东西，知道什么时候该计较什么，不该计较什么，这才是积极的人生。

列出自己的幸福清单

最近，许多倒霉的事情好像都赶到了一起——孩子的幼儿园没有落实下来，先生事业不顺利，自己把钱包丢了。还未喘过气来，母亲又打电话来说父亲病倒了，让我赶紧回家看看。

拎着水果走在晦暗的街道上，心情愈加烦闷。路上擦肩而过的行人，看上去生活都很顺利，只有我有太多的烦恼，怎么甩也甩不掉。

将药递给父亲吃下后，父亲竟然孩子般地笑了：“哎呀，生个病也挺好的。”

我奇怪地反问父亲：“生病是最痛苦、最麻烦的事情了，您竟然还能乐出来？”父亲朝母亲的方向看了看，说：“你看，今天你妈不和我拌嘴了，还给我做好吃的。你呢，好久没回家了，这下总算见到你了。”

我的不开心已经写在脸上了。父亲点了点我的额头说：“你从小有什么事就喜欢一个人扛着，追求完美，因为一点麻烦事就会不开心。有空多想想自己的幸福事。一生都没坎坷，那怎么可能啊！”

我心说，最近不顺的事太多了，我还有什么幸福的事好想啊。可是，望着父亲舒心的笑，望着母亲在厨房里忙碌的身影，我的笑容也渐渐浮了上来。

父母健康、和睦、开心，不正是许多人都羡慕的幸福吗？从懂事起，每年的新年愿望总是希望全家人都幸福快乐。这个愿望一直实现着，我还有什么不满足的呢？

如今，我自己也有了一个温馨的小家，一个万般疼爱我的丈夫。他爱我，爱孩子，爱家，逢年过节总会记得送上一份贴心的礼物。儿子健康，虽然调皮了点，却很懂礼貌，对爷爷奶奶更是极为孝敬。这样的家庭，不就是我一直期待的吗？

我虽然做着一份平凡的工作，但是轻松悠闲。生活平淡，却也是我一直向往的。

这样想着，我突然觉得，自己的生活轨迹几乎都在按自己所规划的有条不紊地进行着。只是，偶尔这条路上有一个小坑，有一些流云，有几棵树挡了点阳光，我便将它们当成了天大的阴霾，较着真儿，生着闷气，不仅让自己变得不快乐，也将坏情绪带给了自己身边的人。

回家的路上，我一个人静静地盘点着属于自己的幸福，突然觉得，自己其实是个很富有的人，而那些烦心事也变得微不足

我奇怪地反问父亲："生病是最痛苦、最麻烦的事情了，您竟然还能乐出来？"父亲朝母亲的方向看了看，说："你看，今天你妈不和我拌嘴了，还给我做好吃的。你呢，好久没回家了，这下总算见到你了。"

道了。

其实，我们已经拥有了很多，只是很多幸福被自己忽略了。很多东西拥有时没有什么感觉，可是若失去就感到痛心了；得到的不懂得珍惜，得不到才觉得可贵。大概人都有这样的心理吧。

毕淑敏曾说：“无论受过怎样的委屈、怎样的不公平、怎样的伤害、怎样的痛苦等等，请不要忘了自己的幸福，不要忘记我们每个人时时刻刻都已经拥有的幸福。”

即使是平淡的一天，我们都能找到很多的幸福时刻：阳光暖暖的午后，接到来自远方朋友的电话，听她说身边的琐事；整理完了一份报告，疲惫地伸伸腰，打开QQ，熟悉的旋律随意流淌；捧一杯清茶，蜷在沙发里，读自己喜欢的小说，没有任何负担，只为喜欢；周末、假日，和爱人驱车郊外，一路喁喁私语；不想做饭，和爱人到门口的小店，点自己喜欢的两个小菜，慢慢吃，慢慢聊……

幸福其实很简单。我们要珍惜已经拥有的东西，珍惜现在，知足惜福。我的幸福就是家人和自己平安健康。放宽自己的心态，过一种随遇而安的生活，不要让那些不必要的烦恼束缚自己的手脚，幸福就会向你招手。

Part 7

非创意，不生活

有创意的生活，是一种生活态度，更是对生活品质的一种追求。对生活的热情往往能在细节中体现，新奇的、搞怪的、突破常规的想法和创意都能点燃我们对生活的热情。生活需要热情，需要创新，需要惊喜。

“懒人”给生活创造惊喜

周末，闲来无事逛淘宝。不知该看些什么好，便在搜索栏中输入“新奇产品”几个字，搜索后便出现许多货物，随便浏览了一下，觉得它们都很有意思。有诸如“包饺器”，“穿针眼器”等构造简单却充满新意的玩意儿。

我还注意到了一个现象，那就是这些产品的名称前大都加上了“懒人用品”的字样。再看这些东西，几乎每一件发明都使事情变得简单、高效，难怪叫作“懒人用品”。想到此，不禁对“懒人”这个词有了新的认识。

“懒人”有两种：一种无药可救，一种十分优秀。对于一件事，无药可救的“懒人”所做的事无非是置之不理，一拖再拖，用这种最要命的方式拒绝完成它，完全是消极的心态。而另一种优秀的“懒人”，他们则是积极的，因为他们不愿做麻烦事，所以他们会想方设法找最简单的方法，用一般人想都想不到的出奇简单的方式解决它。有一句话叫作：“懒人的最高境界，就是以智慧寻求事半功倍的捷径。”

关于“懒人”理论，阿里巴巴的创始人马云曾说：“有人懒得爬楼，于是发明了电梯；有人懒得走路，于是制造出了汽车、火车和飞机；有人懒得每次计算，于是发明了数学公式。”

在某种程度上来说，人类社会的进步最初的创意可能都来自于某些想要省时省力的“懒人”。“懒人”虽说不能创造世界，但是“懒人”让这个世界变得轻松。似乎也可以说，世界变得越来越精彩，这其中有“懒人”的一份功劳。

最近看到一个手机遥控家居智能系统的创意，如果你不在家，但腹中空空，只消打开手机，摁下按钮发出指令，家中的电饭煲就可以开始煮饭；外面酷暑难当，离工作间还有10分钟路程，用手机遥控功能先打开室内空调，一回去就可以坐拥凉风；家中进来了小偷，手机马上发出报警……我想，这个人一定是因为太懒了，懒得在每次出门前检查煤气、空调、电视关闭与否，懒得每天为吃饭而操心，懒得时时心烦有无盗贼光顾，干脆整出个系统了事。

在这个越来越强调匠心，以匠心突显差异化的时代，小到家庭主妇围着转的柴米油盐，大到一个关系到国计民生的品牌产品，物美价廉、有趣好看的设计品让我们的生活变得更加方便，充满新意和乐趣。

“懒”，是创造的原动力。“懒人”爱学习，爱动脑，但是不爱打理家务事。在我的家中就有很多“懒人”工具。最有趣的就是“懒人拖鞋”。现在都市人大都有宽敞明亮的大房子，房间内有铺瓷砖地板的，也有铺大理石和木地板的。房间漂亮、舒适了，但是也给大家带来了很多的烦恼和劳累。为了保持房间的干净与整洁，需要经常拖擦地板。拖擦地板，少则十几分钟，多则几十分钟，费时又费力。如果家中有老人、孕妇和孩子，就更麻烦了。虽然拖地板的工具不断改进，但只要有人在走动，就会有灰尘。

为了偷懒，令人称奇的“懒人拖鞋”就这样诞生了！它能在人行走时擦净地板。这种“懒人拖鞋”鞋面与普通拖鞋无异，只不过在鞋底做了文章：本应平整的鞋底增加了一层防滑、耐磨、吸尘力强的东西，乍一看就好像是拖鞋和拖把的结合体，但是鞋底是可以拆洗的。穿上“懒人拖鞋”擦地板，根本不需要弯腰，照样打理得干干净净。更有趣的是，每逢节假日，家里人越多，地板就擦得越干净。

懒人用品的设计都很人性化，不仅大大节省了做家务的时间，还让家务活变得轻松有趣。我在家也爱穿上这种“懒人拖鞋”，每天这么走一遍，顺便把家里的地板也给擦了一遍，简单省事。

美好的生活由“懒人”创造，因为只有“懒人”，才会想出那么多让生活变得更惬意、更舒适的办法。虽然生活中很多小创意、小创造都显得无足轻重，但事实上每个小细节的变化，都足以影响我们的生活质量。每一个细节的改变，都会让生活多一分惊喜。

“懒人”虽不愿动手干麻烦事，但脑子却不停地为寻找怎样更简单而运转着，设计出了多姿多彩的趣味创意品。这些绝妙的设计又成了“懒人”好好享受生活的资本。所以，很多不愿意动手的“懒人”，其实是勤动脑的勤快人！

自己动手享受完工后的喜悦

每年过生日的时候，我都会收到很多的礼物，好看而又时尚的手表、精致的画册、最新推出的化妆品等。平时并不缺这些东西，自然感觉没什么新意，有些礼物甚至都没拆过包装就被我丢在一边。对于我来说，这些东西虽然贵重，但却没有情感。今年过生日的时候，有个好朋友做了一个全手工的钱包送给我，亚麻色，上面绣着紫色的花朵和我的名字，十分漂亮。这是她花了一个月的时间做成的。这份礼物不仅有创意，而且包含了她一个月的辛苦，我自然很珍惜。

我想每个人都是这样的，没有花过心思送的贵重礼物，虽然当时会使我们眼前一亮，但是过不了多久，就不再有意义。而那些用小卡片折叠的花朵，用树叶制作的书签，对方写在上面的一句话，会让我们回忆一辈子，珍惜一辈子。

全手工的礼物透露着真情实意，也带给自己快乐和美好。这就是我们常说的DIY（Do It Yourself），自己动手体验，享受其中的快乐。从前几年的DIY巧克力开始，DIY的事物就不断地推陈出新，DIY咖啡、DIY围巾、DIY拼图等等。衣、食、住、行，样样都可以DIY，件件都能列入DIY范围，这既形成时尚，又让人们从中得到快乐，愉悦了心情。

我本人也十分喜欢自己动手做一些东西，我最喜欢的就是墙体彩绘。墙体彩绘是一种古老的壁画艺术，也是家居文化的一种。在我看来，墙体彩绘并非只有专业人员才可以去尝试，只要自己喜欢美术，爱好生活，就可以大胆地操作。做法很简单，就是在刷好乳胶漆的墙面上画画，用铅笔在墙上打底稿，然后涂上自己喜欢的颜色。

墙体彩绘彰显了家居的个性、时尚。白色的墙壁看起来很强硬，我就动手在白色的墙壁上画上自己喜爱的图案。卧室的墙壁上充满田园风格的图腾蔓延开来；颜色凝重的厕所门被一棵幾米风格的大树点缀在周围……每当朋友到家里来参观，都是赞不绝口。我也因为墙体彩绘而认识到很多朋友，他们大都是来讨教方法的，我也都热心指点。有的同事也会慕名而来，请我去装点他们的新家。在装饰旧房子时，因想不出好主意而苦恼的朋友也会找我帮忙。虽然画的时候很累，但得到朋友的肯定，看到他们欣赏的目光，我就特别开心。

DIY 的乐趣就在于自己动手，自己创造自己喜欢的东西，哪怕亲手漆一堵墙、做一张桌子、修一扇门窗，都是在享受生活，而同时给了自己一个抒发个性品位的空间，一段与家人沟通的时间，更能提高自己的动手能力，激发自己的思维，体会生活的真正含义。

当然，DIY 的方式很多很多，我有时也会为家人做蛋糕。我享受这种生活方式带来的乐趣。当我把它作为作品呈现在大家面前的时候，受到大家的夸赞，心里会很激动。

很多女人在出门的时候都害怕撞衫，总希望自己是独一无二的那一个。我自己就遇到过这种情况。刚买的一件新衣服，不穿纯属浪费，如果要是穿了就无法避免撞衫带来的负面评价，后来我在自己的外套上绣上自己的标志，这样显得很有创意。

丰富的生活价值在于创造，即使是小小的创意，都能让生活显得多彩缤纷，与众不同。而每一个创意的灵感，都源于日常生活的点点滴滴。对生活的爱，对他人的爱，对自然的爱，都让灵感无处不在。美好的生活根本无须花费过多的钱财，只要用心对待，瑰丽色彩已弥漫于生活中。

生活需要用心感受，自己动手创作的物品，最大的魅力就是它的独特，它所包含的情感。它既能让我们发掘生活的乐趣，又能让自己体验到一种成就感。

多一点理解冷笑话的思维

有一天，朋友给我们讲了个冷笑话：小明和小华到海边比赛说笑话，说完笑话后，他们就死掉了。为什么？因为海啸（笑）了。

朋友说完后，我先生捧腹大笑，上气不接下气。朋友看到我没有任何反应，就问我："这么好玩的笑话，你怎么会觉得不好笑呢？"我说："我怎么听不出这些冷笑话究竟幽默在何处，这样的东西有什么好笑的呢？"

朋友对我说，如果你看不懂冷笑话，说明你的思维受到了局限，因为冷笑话不能用通常的思维来回答问题，需要改变思维方式。这个冷笑话就需要你运用发散思维。

他像老师一样，严肃地说："发散思维又叫求异思维、辐射思维，是指从一个目标出发，沿着各种不同的途径去思考，探求多种答案的思维，与聚合思维相对。不少心理学家认为，发散思维是创造性思维最主要的特点，是测定创造力的主要标志之一。"

朋友接着解释：每一个人都有自己的思维方式，每一个人都会思维，但大多数人并不会充分地利用思维，我们一般人都只具有一些简单的思维，如果实际情况发生了变化，大多数人就会显得茫然无措，也就是我们常说的"犯傻"了。

这下我倒是明白了，生活中被我们遗忘的思维方法确实很多。比如逆向思维：人们习惯于沿着事物发展的正方向去思考问题并寻求解决办法。其实，对于某些问题，尤其是一些特殊问题，从结论往回推，倒过来思考，或许会使问题简单化，甚至因此而有所发现，创造出惊天动地的奇迹来。这就是逆向思维的魅力所在。

有这样一个故事：某时装店的经理不小心将一条高档裙烧了一个洞，其身价一落千丈。如果用织补法补救，也只是蒙混过关，欺骗顾客。这位经理突发奇想，干脆在小洞的周围又挖了许多小洞，并精心修饰，将其命名为“凤尾裙”。一下子，“凤尾裙”销路顿开，该时装商店也出了名。逆向思维带来了可观的经济效益。“无跟袜”的诞生与“凤尾裙”有异曲同工之妙。因为袜跟很容易破，一破就毁了一双袜子，商家运用逆向思维，试制成功无跟袜，创造了非常好的商机。

很多问题都可以用逆向思维解决，小学课文司马光砸缸救落水儿童的故事，就是一个用逆向思维解决问题的例子。司马光不能爬进缸中救人，所以他就变换为另一方法——砸缸救人，因而顺利地解决了问题。用逆向思维进行思考，可以选择的方案就多了。

其实，被我们遗忘的思维方法不只是逆向思维，还有联想思维。人的想象力是无穷的，丰富的想象力和有意义的联想可以帮助我们更好地解决问题。

我们不妨来做一个联想思维游戏：把学生分成几组，每组由5人组成。每组先由一个人讲一句话，如：“木匠修理椅子”，第二个人接下去说：“电工修理电灯”，以此类推，第三个、第四个接着往下说。如果谁说不下去，游戏就结束。每句话得1分，如有创意的可以得3分，例如“律师修复破碎的婚姻”等。这样的词你能说出几个？

小时候读书，老师总会强调说，要做到举一反三，这就是联想思维。联想思维有着广泛的基础，它为我们提供了无限广阔的天地。一个人如果不会运用联想思维，学一点就只知道一点，那么他的知识是零碎的、孤立的，派不上什么用场。可如果他善于运用联想思维，就会由此及彼扩展下去，做到举一反三，闻一知十，触类旁通，从而使思维跳出现有的圈子，突破思维定式而获得创新的构思。

西方有句谚语：上帝偏爱有准备的头脑。只要你像训练体能一样训练你的逻辑思维能力，那么你的思维就会变得更快、更高、更强，在激烈的智力竞争中，你就能领先一步，技高一筹！

制作美味需要多尝试不同口味

我们平时常吃的蛋糕大多是甜的，最近我尝试做咸的玛芬蛋糕，加入炒香的培根和洋葱，吃起来有一股浓浓的香味，让我兴奋了很久。

我喜欢尝试新做法，相同的食材，开动脑筋，就能做出新鲜的味道来。一样的食材，和不同的调料搭配、用不同的方法，就会做出不同的味道。有些兼职主妇在做饭的时候会很发愁，家常菜就那几种，宫保鸡丁、鱼香肉丝、西红柿鸡蛋、红烧肉等。其实，如果能换个烹饪方式，说不定会收到意外的效果。

生活也是如此，我们上下班总是习惯走同一条道路，坐同一路公交车。我们穿衣服，喜欢哪一种风格，就习惯性地买类似的衣服。我们思考问题的时候，也会陷入同样的思维惯性，照着以往已经形成的思维去想问题、去做事。

我有一个朋友小筝是手模，一双手纤细白嫩。春夏秋冬四季，她都十分注意双手的保养，出门的时候一定要戴着手套，避免受到伤害。

夏季的某一天，小筝和朋友一起外出游玩，在公交上，很多人看到小筝这么热的天气还戴着一双手套，就在背后议论她的双手。

“她的手肯定是烫伤或者是烧伤了，不敢让别人看见她的手。”一个人小声嘀咕。

另一个人说：“说不定还是残疾人，可能哪个手指头没有了吧！”

两个人猜得正起劲，小筝故意脱掉手套，露出自己一双白皙、嫩滑的手，撩了撩自己的长发，两个人顿时不说话了。

当小筝把这个经历告诉大家的时候，大家都笑得前仰后合。我想，如果我们不知道她是手模的话，估计也会胡思乱想。大夏天戴手套让人觉得不正常，除了掩盖受伤的缺陷，还会有什么别的原因吗？

人们遇到这种情况，大多会猜测用手套掩盖某种缺陷，很少去换个角度想一想。因为生活中，我们接触的手模并不多，经验把我们引到一个狭窄的思维空间里。

在长期的思维实践中，每个人都形成了自己惯用的、格式化的思考模式，当面临外界事物或现实问题的时候，我们能够不假思索地把它们纳入特定的思维框架，并沿着特定的思维路径对它们进行思考和处理，这就是思维定式。

思维定式可以使我们在从事某些活动的时候相当的熟练，甚至达到自动化，可以节省很长时间和精力；但同时，它的存在也会束缚我们的思维，使我们只会用常规的方法去解决问题，给大脑带来消极的影响。

一名中学教师曾经问自己的学生：一个曲别针有什么作用？他让大家动动脑筋，打破框框，想想曲别针都有什么用途，看谁的发散性思维好。教室里一片哗然，七嘴八舌，议论纷纷。有的说可以别胸卡、挂日历、别文件，有的说可以挂窗帘、钉书本，大约说出了二十余种。然后，学生问老师到底有多少种作用时，老师伸出了三根手指。有人问："是三十种吗？"他摇摇头，"是三百种吗？"他仍然摇头，说："是三千种、三万种。"

老师说："曲别针的用途我可以简单地用四个字加以概括，即钩、挂、别、联。我认为远远不止这些。"接着他把曲别针分解为铁质、重量、长度、截面、弹性、韧性、硬度、银白色等十个要素，用一条直线连起来形成信息的横轴，然后把要动用的曲别针的各种要素用直线连成信息坐标的竖轴。再把两条轴相交垂直延伸，形成一个信息反应场，将两条轴上的信息依次"相乘"，达到信息交合……

于是，曲别针的用途就无穷无尽了。但是，受思维局限，我们不可能想到这么多。

在生活中，豆腐的做法不只是凉拌，你可以炸、炖、炒、腌制……就如同解决问题的办法，不止有一个，关键是我们要开动脑筋，从不同的角度出发，尝试不同的方法。

有许多事情看起来不可能做到，但是只要你勇于尝试，不断尝试，它并没有你想象的那么难。这种尝试是不同角度、不同方式的，而不是"一头撞在南墙上不回头"。

跟上这个日新月异的时代

你知道什么是“高科技马桶”吗？

高科技马桶不仅是一个马桶，同时也是除臭机、烘干机、暖脚器以及音乐播放器。当你接近马桶盖的时候，感应器能够为你自动打开马桶。更令人感到新奇的是，马桶底部还有出风口，能自动吹暖风为你暖脚。你还可以根据自己腿的长度调整马桶坐盖的高低。怎么样，很人性化，很有趣吧？

我是一个对新事物敏感的女人，对于未知的东西我总是很感兴趣，也愿意接受并去学习。因为我觉得，一个人只有不断地学习才能跟上时代的步伐。一个女人即使每天在家里照顾孩子，也要关注时代的发展，不能落后于这个时代。

跟朋友们聊天，无论他们说什么话题，我总能听得懂，插上话。当然，也有我感觉跟不上的时候。当我感到自己在某方面有所欠缺，我一定会为自己充电。在我周围，有很多人认为，学习只是青少年时代的事情，只有学校才是学习的场所，自己已经是成年人，并且早已走向社会，因而再没有必要学习了。

这种看法似乎很有道理，其实是不对的。在学校里自然要学习，难道走出校门就不必再学了吗？学校里学的那些东西就已经够用了吗？其实，学校里学的东西是十分有限的。工作中、生活中所需要的相当多的知识和技能，课本上都没有，老师也没有教给我们，这些东西完全要靠我们在实践中边摸索边学习。

有一个朋友从事美发行业已经四十年了，亲眼看着美发行业的进步和发展，他也要不断地充电，不断地学习，不断跟上时代的变化，因为只有这样才能赢得顾客。他说，在20世纪60年代，人们烫头发用的是电烫，烫发的时候，顾客要坐在一个像花篮的机器下，头发用铝制的杆子卷好后固定，烫一个头需要两三个小时。到了20世纪70年代的时候，一部日剧《血疑》的播出，日本女星山口百惠的发型成为风靡一时的流行范本，留长发的年轻女孩随之纷纷剪掉了长长的大辫子，取而代之的是短短的卷发。直到现在，各种烫染，花样不断翻新，发型也层出不穷，烟花烫、陶瓷烫、空气烫……可谓五花八门。头发的颜色也从单一的黑，演变成棕色、玫瑰红、酒红色、橙色、金色等，真是五彩缤纷。要是一个美发师总是为客人做着单一的发型，显然是留不住顾客的。

一切事物都在不断地变化，连我们的头脑、身体也是在一个连续的变化之中。如果我们愿意迎接变化，参与生命的变动，我们就能做得更好。

在瞬息万变的世界里，不变就是意味着退步，甚至是被时代淘汰。选择一成不变，就是把一个人局限在一条窄路里，日复一日、来来回回步履艰难地行走。逐渐地，这条路越走越深，最后变成一条深不可测的鸿沟。这样，他再也看不到任何新东西，几乎是与世隔绝了。

参观了上海世博会83个展馆，看完之后感慨良多。通过上海世博会，我看到了今天世界的潮流。我曾碰到一位七十多岁的老人，跟他聊了起来。我问他到世博会几次了，他说四次，我问为什么这么大年纪还来这么多次？他说虽然年纪大了，但是在世博会可以学到许多的新东西。

跟朋友们聊天，无论他们说什么话题，我总能听得懂，插上话。当然，也有我感觉跟不上的时候。当我感到自己在某方面有所欠缺，我一定会为自己充电。

老人很令我佩服。不管我们处于怎样的年龄阶段，我们都要不断地学习，不断地适应社会的变化。你只需要迈开第一步，接着这些充满乐趣的事就会发生：一个小小的变化会激发另一些变化，你会感到学习是件令人振奋的事，并愿意继续下去。

不断学习是不断进步的动力之源。学习可以极大地补充一个人的学识，充实一个人的精神，丰富一个人的精神生活，保持一个人思想的先进性、灵活性与创造性，使他的思想武装起来，强大起来。人的思想指导人的行为，通过学习丰富了人的思想以后，人的行为就会符合时代与社会的要求，真正适应社会与时代。

新事物都有它诞生的理由

最近，给母亲买了一部智能手机。刚开始的时候，母亲还不乐意，说自己年纪大了，用不了高科技的产品。我告诉她，手机不仅仅是为了通话，还可以作娱乐工具。比如，你不是喜欢你的小外孙吗？你可以用手机帮他拍照，或是录影呀！

我手把手教给母亲很多新功能。以前，母亲从来不用手机给我们发短信，很多问题都习惯打电话。有一次，端午节的时候，母亲竟然给我发了祝福短信，这让我很惊喜，因为这是她第一次给我发短信。从那以后，我要是感到无聊，就会发短信跟母亲发牢骚，母亲一条一条地回复给我，有时候一天互发七八条短信，这让我感觉很好。

不久以后，母亲又学会了玩微博，粉丝竟然还不少。平时，她把一些生活的感悟和对家庭的希望都发表到微博上，有时候，一天发好几条。刚开始我还调侃母亲说她日子太清闲了，一天的时间都用来关注微博了。不过我还是很高兴，母亲也因为和别人交流，而变得比以前快乐了很多。

有一次，我看见母亲正拿着手机给我们家交水电费，我当时感到很疑惑：交水电费，不是要到自来水公司和电力公司的收费大厅排队吗？怎么在手机上轻轻点几下就支付了呢？母亲说："这是手机的电子支付功能，手机通过互联网进入水电费网络收费系统，再利用电子钱包进行交费，这样不用走出家门就完成水电费的交费了。这是邻居小钱教我的，没想到很好用呢！以后我来帮你交费吧。"听了母亲的话，我笑得前仰后合。

科技变化日新月异，新生事物不断产生，给我们的生活带来了方便、舒适和快捷。只有接受它们，我们才可能享受到它所带来的好处。但是，有些人对于新生事物，总是抱有一种抵触和恐惧的心理，就像当初我的母亲一样。

记得软水机刚出来的时候，小区里很多的住户都不太乐意安装。有的人说："大家都装就跟着装。"还有的人说："喝了半辈子自来水了，多此一举！"因为北京的水质不太好，我安装了软水机。

其实，很多人对于未知的新事物总是抱着怀疑和犹豫的态度，不敢去尝试和接受。就拿我们自己的成长过程来说吧，在我们从一个孩子到成年人的过程中，我们经历了那么多的新生事物：喇叭裤、烫头发、高跟鞋、流行歌曲、桌球、电子游戏、文身……每一件新生事物的出现，社会上总有一些人感到不解甚至恐慌。

各种新生事物刚出现时几乎都会遭受世人的抵触，等时间久了各种事实验证之后，人们才肯慢慢地接受，这种态度正是我们提高生活质量的阻碍。时代在发展，科学进步很快，人随时要有接受新生事物的能力。

但凡是新事物，都有它诞生的理由，正因为社会所需要，世界要向前发展，才使得新事物不断地产生，从而代替不能适应社会发展的旧事物。

第一批下海经商的人富了，第一批买原始股的人富了，第一批买卖地皮的人富了。他们富了，是因为他们有着“创新，接受新事物”的心态。今天，在网上赚钱也是新生事物，在很多人还不了解的时候，你主动去了解它，去接受它，你便抢得了商机。人生就是一个新陈代谢的过程，包括思想和机体。新的不断滋生，旧的不断淘汰。人只有不断接受，吸纳新生事物，不断批判、抛弃腐朽渣滓，才能推陈出新。

当然，接受新事物并不是盲目地接受。最好是有主见，能够分辨是非，这种人能在任何情况下，不受他人干扰，做出正确的判断。如果只是“爱尝新鲜”，不能分辨好坏，是很容易上当受骗的。一个最简单的道理就是，虽然爱尝新鲜，追求刺激，但是毒品绝对不能沾染。敢于尝试新鲜事物，去享受别人享受不到的快乐，同时也要做一个聪明的挑战者。

有爱好地生活

我经常一有空就背着相机旅游，将自己看到的美好事物和景象都记录下来。带回家，整理后发到微博上，再写上一些感受。假期是我的快乐时光，摄影就是在我忙碌的工作之余的休闲活动，我很享受这两者。

除了摄影，我还喜欢音乐。或许，我的一生都不可能离开音乐。因为在我人生的道路上，需要它为我打气，需要它为我疗伤，需要它为我增添生活的乐趣。在家中，我经常唱歌，只要广播里播放音乐，我就聚精会神地侧耳倾听。这份快乐是其他事物无法替代的。

工作的时候从早忙到晚，吃饭的时候守在电脑前，下班的时候脑中还在计划着明天的工作如何开展，匆匆忙忙中，五个工作日就过去了——几乎所有的人都是这样度过的。好不容易到了周末，突然松懈下来的身体和精神又会感到十分的无聊。有一类人把周末两天的时间全部花在电脑前，上网玩游戏、聊天、浏览网页，因为太无聊，不知道做什么，所以只能当网虫。

还有一类人将周末的时间用来工作，因为实在没有事情可做。我有一个朋友，从事销售工作，每到周末的时候，他都会和几个同事到公司加班。一开始的时候，我很不理解，问他是不是工作压力太大了。他回答我说，不是因为工作压力大，在家里实在是太无聊了，感觉很颓废，还不如到公司来加班。我问他加班的效率如何，他笑着说，周末很难拉到很大的单子，因为没有多大的心思好好加班，只是打发时间罢了。

听朋友这样说，我替他感到难过，因为没有属于自己的兴趣爱好，生活枯燥乏味，毫无乐趣。我常常听到一些人诉说生活苦闷、无聊。有些人常到电影院或酒吧去消磨空闲时间，但当银幕上出现了“完”的字样，酒吧夜阑人散，是不是心头会有加倍的寂寞之感呢？人生本无法避免寂寞，也无法避免忧闷。消解寂寞、忧闷的方法，不须外求，因为外面的任何事物都无法使你忘却人生的寂寞忧苦。既然无聊，为什么不静静地坐下来，到你的心灵深处，去寻求那株美丽的忘忧草呢？

依恋那些高尚、能引发人优美情操的事物，让我们的精神有所寄托，心灵有所附着，我们才不会感到生命无意义、生活太过无聊。

幸福纵有千万种，爱好便是其中的一种；人活着只要有一种爱好，便会得到一种幸福。亲情、爱情、友情、工作都会让一个人感到快乐，但爱好所带来的乐趣是不容忽视的。有爱好的人要比没有爱好的人快乐，爱好多的人更容易感到生活的乐趣。有爱好地生活，做自己想做的事情，人的一生才可能快乐。

最令我佩服的还是邻居汪大爷，每天中午吃过饭，我都会看见他拎着“装备”——一个生锈的铁罐和一支特大号毛笔，遛弯到小区花园开始“做功课”：往铁罐里盛上水，袖子一撸，在地面上笔走龙蛇。

说起和书法的感情，汪大爷的话匣子一下就打开了。“小时候，家里没钱，我就拿一块玻璃练毛笔字，墨迹干了拿抹布一擦，省下不少钱。长大工作后，我当了一名卡车司机，早出晚归十分劳累，可还是有空就偷偷练毛笔字。那时候我老婆总是唠叨，说那么辛

爱好不仅仅是在我们无聊的时候打发时间的手段，更是我们对精神愉悦的一种追求。

苦还练什么字。”他笑着说，“我就是爱好这个，一个爱好，一种快乐。”

爱好不仅仅是在我们无聊的时候打发时间的手段，更是我们对精神愉悦的一种追求。很多事情都可以成为我们的爱好，我们可以写博客，有了灵感就在电脑前敲敲键盘，诉说自己的心事，或者直播自己的心情。当然，记录最多的是自己的亲人和朋友，生活的点点滴滴都被我们的文字留住。

有爱好地生活，爱好会给我们带来很多的快乐，把快乐与我们的亲人和朋友们分享，这应该是我们人生中最快乐的事。

常折腾常有新意

立秋已过，炎炎的骄阳慢慢退去，偶尔丝丝凉风捎来秋的气息。这几天，我正筹划着如何打扮一下我的安乐窝，好让它充满秋天的气息。身边的朋友对我说：“你现在的家不是挺好的吗？摆设也都很合理，何必再折腾。”

我倒不这样想，重新摆设家具会让整个家有焕然一新的奇效，也会带给我整天的好心情——这也是我的一大爱好。其实，不只是在刚买房子的时候需要装修一番，也不只是在房子破旧不堪的时候需要好好修葺一下。平时闲下来的时候，将房间上下打扫一番，改变一下家具的布局，就可以更好地享受家的感觉。

记得刚结婚的时候，我对家具的挑选十分苛刻，总认为一次性装修好，以后就不会再管了。家里的电器、家具都是经过我千挑万选才定下来的。每天下班之后，看着家中的一切都会十分的欣慰和满足，最初的时候就认为自己的家是这个世界上最完美、最温暖的。

时间久了，有的家电坏了，家具看上去也不如当初那样完美了，有时候甚至羡慕起别人的家具设计来。有时候看网上那些充满创意的房间，恨不得自己是房间的主人。下班之后，躺在家中看周围的一切，没有任何新意，有时还会感觉不满足。这肯定是审美疲劳了。

后来我和先生商量，我们每过一段时间就把家具重新摆设一下，将原先放桌子的地方换上沙发，将墙上挂的油画移个地方，将客厅里摆放的鱼缸换个位置。格局变了，家的空间和感觉就跟着也变了。重新摆设家具确实给我们带来了新的体验。就是在我怀孕的时候，虽然不能亲自动手，但我也会指挥先生折腾一下房间。有一段时间，我们把书房搬进了卧室，这样一来，两个人看书的兴趣增加了。两个月后，我们又把它归置到原处，房间一下子空荡起来，这时候，我又突发奇想，将花房搬到卧室，让整个房间弥漫着花香。

其实，让整个家充满新意的方法很多。比如，为了欢迎这个秋季，我不仅将原先家具的摆设重新布置，还换上橘色条纹的窗帘，给家里又添了一盆茉莉花，又尝试着把墙体的颜色换了一下，用柔和的微黄灯光和简单的米色及棕色色调，配搭出整体的舒适感。

开动脑筋，把房间做小小的改变，都是为了更好地享受生活和家庭的乐趣。不仅仅是改变房间的格局，也要给家庭不断地添加新的装饰品，哪怕是一盆花，一座钟表，都会给家庭添加新鲜感。

我和先生都喜欢外出旅游。我很喜欢将旅途中的收获变成家中的“展品”。我们从斯里兰卡、越南等地搜罗了各式雕像，有佛像、动物塑像、天使像、十字架等，每一件都述说着我们的游历行踪。我们两人特地请设计师为客厅设计展示架，摆放各式摆设。也特别要求展示架必须是活动式的，以便随意改动组合，每隔一段时间都可以重新排列展品阵容。还有摆钟、陶瓷茶具等民族手工艺品，也成为家里每一个角落的点缀。

添购摆设的经历，我印象最深刻的就是在上海购买的吊灯。当时，我在酒店附近看到漂亮的吊灯，立刻把它买下，但吊灯不轻，费尽力气才把它搬回酒店去。回到家后，又费了一番力气才安装上。

这样的“搜购”经历也许费时费力，却带来美好的回忆以及独一无二的家居。新鲜的生活来自改变，改变会带来快乐。

家是你温馨的港湾。不需要多大多奢华，但一定是别出心裁，布置温馨，甜蜜幸福的。爱家的人一定会喜欢淘各种家居饰品，用来装扮自己的家。爱一切让家变得美好的玩意儿，更希望它们能把自己的家变得更温馨。

保持说走就走的那份冲劲

有人说，人的一生中至少要有两次冲动，一次为奋不顾身的爱情，一次为说走就走的旅行。我很同意这样的观点。只要是自己想做的事情，或者是为了自己的梦想，就要有想做就做的冲动。不然，热情早晚会在时间的长河里被冲刷殆尽，只剩下遗憾。

上次回家，在候车大厅看到一队自行车爱好者，专业的装扮，拎着自行车前轮，有说有笑，浩浩荡荡。我和其中的一个男孩子交谈，知道他们是从广东骑到江苏，然后坐火车返回。这只是他们周末的一个小旅行，他们还去过河南、河北。

我看着男孩黝黑的脸庞和健硕的身体，心生羡慕，对他们感慨道："你们真是厉害，像我就做不到了！"男孩笑笑说："这有什么难？你也可以！"

我说："我没有自行车。"

他指指另一个女孩子说："你看她，没钱买自行车，都是借别人的车骑。"

我说："啊？这样也行？"

他就笑了："为什么不行？我们每次骑行不是所有人都会去，她就借那些不去的人的车。一辆好车几千块钱，她现在工资不高，正在攒钱买车呢！"

我说："我没经过专业的训练，坚持不下来！"

他说："我们今天出发的时候是十三个人，中途有几个坐火车回去了。坚持骑到底的有八个，还有几个骑行回广东，我们觉得体力不够的就坐车返回。现在交通很方便，坚持不住就坐车回去呗。"

听他这么一说，我真不知道还有什么是不可以的。我们总是一边抱怨生活的无聊一边羡慕那些行动者，羡慕他们像青春自由者一般。而我们呢？每天最大的努力就是思考是自己做饭吃，还是到外面就餐。每到晚上夜深人静，辗转反侧的时候，又对自己说：我明天一定要怎样怎样，可最后并没有怎么样。

比如，外出旅游，很多人显得过于谨慎，对计划已久的旅程也要考虑再三，考虑天气，考虑客流，考虑金钱……结果，出发的日期一推再推，到最后哪里也没有去。

我们的一生中，有超过 1/3 的时间是坐在办公桌前的。再除去每天必需的睡眠时间，我们还有多少时间留给自己？这些时间，我们是否能够满足自己的内心，勇敢地追求自己想过的生活呢？

每当我们说“我想怎样怎样”的时候，我们如果能够立即行动的话，就像那些旅行者，什么都不说，一扭头找人借辆自行车，骑着就走，我们的生活可能会变得自由，随心所欲。

还记得大学时候的一个室友，很喜欢看漫画，特别喜欢看日本漫画。她把一些充满乐趣、令自己痴迷的图都剪下来，贴在一个小本子上。她每天和我说要去日本，要成为最伟大的漫画家。我们当时都笑她，说她在做梦。

我们不断告诉她那些她比我们更清楚的事实：你父母是工薪阶层，出国要花很多钱；你根本没有画画基础；就算去了日本也不一定能留在那里，搞不好还是要回来……她不理会我们，在我们都忙着写毕业论文的时候，她在画画。

有一次，我和她在图书馆熬通宵，我写论文，她使劲临摹漫画。我熬得两眼发直，一抬头看到对面的她：抱着漫画书，眉头微微皱着，佝偻着腰。那一刻，我被她感动得一塌糊涂，觉得她一定会成功。

后来，在网上聊天，知道她去了日本，当了一名教师，偶尔也给别人画插画。那一刻，我知道，她的人生和我们在大学的时候就注定了是不一样的。

我一直很佩服那些敢作敢为的人，怀着自己的梦想，对未来充满激情，勇敢地追逐梦想。而那些虽有激情，但同时又担心失败，瞻前顾后，反复思考了很长时间，最后还是决定等等再说的人，一月过了又一月，一年过了又一年，岁月流逝，光阴不再，还是

人生在世短短几十年，但求安居乐业，追求随心所欲的生活，勇敢地做所想之事，见所想之人，说所想之话……

在原地踟蹰不前，痛苦地徘徊。这两种人生必定是不同的。

随心所欲地生活，勇敢地追逐自己想要的人生，是很多人追求的生活境界。就像我在她的微博中留言：人生在世短短几十年，但求安居乐业，追求随心所欲的生活，勇敢地做所想之事，见所想之人，说所想之话……

Part 8

过好当下每一天

人生是一条单行线，时光不会倒流，如果荒废了今天，就再也不会有这段时光了。过好每一个今天，一个个的今天串起来，一个个的今天精彩了，我们的人生就是一幅精彩的画卷。

时间就像流动的水

母亲上了年纪，总是感叹时间就像流动的水，流光了就没了。那时候，我刚大学毕业，每天重复着上班、下班、做饭、收拾屋子、看会儿电视或者和同屋的女孩聊天，然后就睡觉了，第二天又是如此。

时间久了，我总觉得似乎有什么地方不太对，好像我的生活全部都是工作，除了工作，我的生活没有一点颜色。而这个时候，在日本上班的朋友经常打电话告诉我她那里的樱花是多么梦幻，那里远山的雪景是多么美丽。这让我纠结的心更加纠结。别人都过上了自己梦想的生活，怎么我还是在原地徘徊？我一直想要学跳舞，那是我儿时的梦想，可是我一直就这样想着，等着，迟迟没有行动。

偶然的一次，我打开电视，看到一个访谈节目，名字已经不记得，只记得一个老人说过一句话："年轻的时候总感觉时间还多，很多事情可以留到以后去做，后来才知道时间真是过得太快了，有些事情当时不做，以后就真的没有机会做了！"听完这句话，我突然想起了母亲的话：时间就像是流动的水，流光了就没有了。我回忆自己以前的生活：整天一个人在房间里上网八卦，没事就睡觉，很多事情总是想推到明天去做。

在那一瞬间，我知道自己在浪费光阴，浪费生命。我当即询问朋友哪里有好的舞蹈学校，然后预约老师，请她开始给我安排课程。我打开只写了一半的小说，开始一点一点地把我的想法和经历写进去。

同时，我开始不睡懒觉，不再流连夜店，用心地做自己喜欢的事情。我开始每月存固定的钱用来买书、跳舞、旅游。我开始用心扩大自己的人脉，邀请朋友、同事吃饭；我开始学着鼓励别人、赞美别人。我把书架里买来的却没有看的书，从头看到尾，认真地做读书笔记，认真地思考，认真地将它们融进我的生活和生命里。

当我能够完完整整地跳一支舞的时候，甚至是自创一些动作的时候，身边的人都很诧异。后来，我开始听古典音乐，用心体会贝多芬音乐的精妙；我开始学着看股票的走势，读财商的书籍，尽管我好像还不太能看出什么门道；我开始写心灵类小说，关注的人越来越多，我认识了各行各业的朋友。

朱自清说："燕子去了有再来的时候，桃花谢了有再开的时候，杨柳枯了有再青的时候……"可是时间却不同，它在悄无声息地流走，并且一去不复返。我很庆幸自己好好地经历了自己的生命。

人在世界上最多三万六千五百多个日夜，每过一天我们就失去一天。每次春节来临，就提醒我们一年又过去了，新的一年已经开始。去年过春节的情景还历历在目，今年的春节又已经到来，原来一年的时间是那么的短暂。

当我们老得走不动的时候，我们一定会后悔年轻的时候为何没有去珍惜时间，那时候后悔还来得及吗？当我们得知我们的时间只有几个月，甚至几天的时候，那时我们还会像现在这样无所事事，让时间飞快流逝？我们那时会做一些有意义的事情，去完成那些还未完成的心愿，我们会尽我们最大的努力去做。让我们这一生尽量不留下遗憾。

如果我们把每天当作最后一天去过，还有什么事情可以难得倒我们？珍惜时间就是珍惜生命，有谁不去珍惜自己的生命？可又有谁像珍惜生命那样去珍惜时间？

当季水果才好吃

北方寒冷的冬季，水果品种很少，不像夏季那么有口福。在超市看到翠绿的西瓜，很想吃，母亲站在旁边把我的一举一动都看在眼里，上前阻拦我说："现在还是不要吃的好，这西瓜看上去很漂亮，但其实都是化学物质催熟的问题西瓜，根本不能称之为西瓜。等到夏季的时候，西瓜又甜又香，到时候你想吃多少就吃多少。""也是，反季的水果肯定不会好吃。"后来也就作罢了。

反季的水果不好吃，因为违背了自然生长的规律。人也是如此，不可能违背自然的规律而生存。在夏季的时候穿棉衣肯定会中暑，冬天的时候穿得太单薄就会生病。一年有四季气候的变化，一天有白天黑夜的交替，人们的生活起居要适应和顺应这个自然规律，人才能健康长寿。人在年轻的时候精力旺盛，适合去拼搏，瞻前顾后，不愿走出家门见世面不是好的选择；年老的时候，步履蹒跚的时候，不适合闯荡，最好的选择是安享晚年。

大家都知道，演员在不同的年龄阶段所饰演的角色不同，一个人若是在四五十岁的时候还要饰演偶像剧中的主角，即使化妆和造型的手段非常高超，也会被观众吐槽，让人感觉别扭，有装嫩的嫌疑。很多人肯定都看过《男人帮》，剧中的黄磊曾经是中国的偶像派，现在大腹便便，以饰演家庭剧而再次走红。他自己很认同什么年纪就做什么样的事，一切顺其自然。

每一个阶段都有一些你应该去做的事情，抓住最好的时机，很多事情做起来事半功倍。再想做的事情一旦错过，等到以后再想去做的时候就会很吃力，也可能已经无法做到。有一些事情注定只能在某个时候去做，而绝不能在其他的任何一个时候去做。在赛场上夺冠的人，几乎都是20岁左右的年轻人，因为身体允许。对于运动员，如果之前无法实现自己的愿望，等到三四十岁的时候即使再拼命，也已经是力不从心，因为身体条件已经不允许。

小梅和她的先生是大学同学，两人毕业后没多久就结婚了，当时两人还年轻，都以事业为重，便决定不要孩子。结婚后，为了更好地发展，先生到上海某公司做销售经理，而她也成为公司的会计师，在他们看来事业刚有点起色，就更不敢要孩子了。

小梅总说："在年轻的时候要以事业为重，再等等吧！"这一等，就到了37岁。她好不容易怀上了孩子，成了一名高龄产妇，因为是中年得子，所以精神压力很大，怀孕的时候就出现了妊娠高血压和糖尿病，而且胎盘位置也不好。怀孕32周的时候早产了，孩子一生出来就得抢救，更加重了她的心理压力。

对于女人来说，最佳的生育年龄为25~29岁。在这个年龄段，女性的生育能力最旺盛，子宫收缩力最好，出现难产的概率比较低。如果产妇年龄太小，容易出现合并妊娠高血压综合征、早产等，也可能因为骨盆发育不完全而导致难产；如果产妇年龄过大，特别是超过35岁，卵细胞发生畸变的可能性增加，胎儿畸形的发生率比较高。而且，高龄产妇还常常发生其他染色体异常及婴儿体力、智力先天不足的问题。

一切规律都是客观存在，不会以人的意念或意志为转移的。

只有对这些规律有了客观的理解和看待，按照规律行事，才能顺利。如果没有认识到这种事实，或者是忽略了这种客观的规律，那么一切事做起来都很难。

假如人的平均寿命是80岁，那么每20年为一个阶段，每个阶段比作一个季节，这样便有了人生四季：20岁以前的青少年时期是人生的春天。春天，是成长的季节，只有打好根基，才会开花结果，梦想才能成真。20岁到40岁青壮年时期是人生的夏天。夏天，是走向成熟的季节。这个年龄段正是精力旺盛、成就事业的关键期。40岁至60岁中年时期是人生的秋天。秋天，是收获的季节。这个年龄段是人生自我实现的最佳时期，应当最大限度地发挥潜能，造福社会，实现自己的人生价值。60岁至80岁之间是人生的冬天。冬天，是收藏的季节。人生之冬，是颐养天年、安度晚年的阶段。老之将至，退休回家，要顺应自然，随和乐观。

人生之春，是一个充满生机与朝气的季节，在生机与朝气并存的同时，播下了希望的种子。少年时期思想活跃，记忆力好，接受新鲜事物快。所以，一定要珍惜光阴，勤学苦练。

人生之夏，是完成学业、成家立业、大干事业的关键时期。这一时期，人对生活充满信心，且精力充沛，事业心最强，如果在这一时期，目标明确，积极进取，正是出成果的最佳时期。但这个时期，生存竞争最为激烈，是人生奋斗的最艰辛阶段，要做出成绩，有所成就，就要像农民田间管理一样，必须付出辛勤劳动。

人生之秋，这是一个成熟和收获的季节，遍地的金黄是人生秋天的写照。然而你在成功与失败、平庸与激越有了明显界别的同时，也深深地感受到深秋的萧瑟、孤寂与清冷。萧瑟秋风，为金秋的中年人生送来了困惑中的收获与成熟。

人生之冬，是一个沉默的季节，沧桑的面颊上，见证着岁月的无情，这时候只需要放慢自己的脚步，回味在淡淡的往事里，享受晚年。

人生就像是春夏秋冬四季，遵循这四季的规律，人就会少走些弯路。

没有绝对完美的艺术品

很多人步入婚姻殿堂，才发现婚姻是一种有缺陷的生活，完美无缺的婚姻只存在于恋爱时的遐想。上帝不会把所有的幸福都降临在一个人的身上，两个人避免不了争吵，维持婚姻需要双方花费大量的时间和精力，有时候婚姻生活也让人十分的烦恼。

我时常对自己说要接受这些必然的缺陷，不要过分苛求婚姻。如果你希望花园里的玫瑰全在一个清晨怒放，结果必定会大失所望。任何事物都有缺陷，因为世界上没有完美的艺术品，就像断臂的维纳斯也只能是趋近完美。完美是相对的，不是绝对的。

人也是这样，金无足赤，人无完人，这个世界上没有完美的人，对于自己好的一面和坏的一面都要勇敢地接受。你试着问自己这样的问题：我能接纳自己的相貌、身高、体重吗？我能接纳自己的现状吗？我能接纳自己的性格吗？我能接纳自己的情绪体验吗？

我想，很多人可能对自身的积极方面，如高挑的身材、优异的学习成绩、开朗的性格、愉快的心态等，都是乐于接受的；而对于自身的消极方面，如平凡的相貌、贫穷的家庭、害羞的性格、

任何事物都有缺陷，因为世界上没有完美的艺术品，就像断臂的维纳斯也只能是趋近完美。完美是相对的，不是绝对的。

抑郁的情绪等，则几乎没有人愿意接受。

不愿接受，就拿这些缺点来反复地折磨自己。不接纳自己的人常常会进行自我否认和自我排斥：我的长相为什么如此差劲，我怎么会没有考上理想的大学，我怎么没能在考场上发挥得更好，等等。

曾经有一位同事，长相虽不能让人眼前一亮，但还是很耐看的。但是她自己很不满意自己的长相，在私下她很沉重地对我说："我总感觉自己长得不够好看，我还安慰自己，我不美，但是我的肤色白啊。可是别人总会说什么'一白遮百丑'什么的。有时候我特别嫌弃自己，觉得我的鼻子不够挺，我的牙齿不够齐，我的腿不够直。我觉得我所有的一切都不够完美。所以我喜欢把额前的头发留起来挡住我的半张脸。"

我告诉她："肤色白也是一种美啊，而且你的长相也很好，对自己这么较真，怎么可能会快乐呢？"

这位同事就是"完美主义者"。事实上，完美根本不可得，但是这类人却顽固地要求完美。对于完美主义者来说，他们善于把对自己的不满意放大成自卑，然后进行讨伐，人为制造心灵世界的战争。因为自身的缺点和对生活的不满，变得很自卑很痛苦。

自信的人知道"世间没有完美的艺术品"，所以，从不强求自己，从不抱怨生活。他们能够从困难中看到希望，从不完美的自我中发现自己的优点。这种人善于建立自尊自信。而要求完美的人是做不到这些的。完美主义者总是看不到希望，除了每天自怨自艾，自暴自弃，还能做什么呢？

一个人如果能够清楚地认知自己，准确地评价自己，就能够制定现实可行的目标，进而采取有效的行动，充分发挥自己的长处，最终取得成功。相反，一个人如果不能清楚地认识和评价自己，对自身的评价不稳定，时而自卑，时而自负，就会影响自身的发展。心理学研究表明：如果一个人能够接受自己，就说明他没有明显的自卑心理，能够比较客观地认识自己，心理上比较平衡。他们采取的自我防御越少，社会适应能力就越强。

每个人都有自己的不足，如果你为自己的不足而感到自卑，那就错了。学会包容自己的缺点，学会承受生活中不好的一面，才能发现自己的优点，感受到生活中的美好。

自我接纳是一个人健康成长的前提。一个人如果连自身的问题都不敢正视，对自己有那么多的不满与失望，甚至是否定和拒绝，那他怎么能引导自己成长呢？我们应该坦然面对自己的人生，停止苛刻地要求自己，不去无端忧虑和自责，做到自我接纳，接纳全部的自己。

不论自认为有多少缺点和不足，做了多少傻事、坏事或蠢事，从现在起，都停止对自己的挑剔和责备，因为世界上没有完美的人。要学会为自己辩护，维护生命的尊严和价值。不要把时间浪费在自责和沮丧上，而是集中精力去发掘自己的优势。

低成本，中收入，高品质

现代社会，人们都提倡“低碳环保生活”。生活有很多种方式，低碳生活属于哪一种呢？

深入了解后，我总结出三大方面：低碳生活包括节电、节气和回收利用三个方面。其实，生活中这样的例子很常见。比如说，一旦不用电灯、空调，随手关掉；手机一旦充电完成，立即拔掉充电插头；家里不用一次性水杯和筷子，外出购物自备手提袋，即使是免费的也从来不用。

近些年来，因为空气质量恶化，环境污染严重。特别是北京出现的雾霾天气，“北京雾”令人谈之色变。有专家指出，2013年年初持续的雾霾笼罩着包括北京在内的人口比较集中和经济发达的地区，造成了健康损失和巨大的经济损失。更有专家提议修订《大气污染防治法》，立法整治雾霾，应对空气污染。

低碳环保的生活一直是我的生活方式。我相信低碳环保的生活方式会让我们的生存环境得到改变，减少能量的消耗，减少二氧化碳的排放，减少大气污染。在低碳环保的生活中我也开启了自己的“低成本”生活。

在家中，我用过的面膜纸不会扔掉，而是用来擦首饰、擦家具的表面或者擦皮带，不仅擦得亮，还能留下面膜纸的香气；每天的淘米水可以用来洗手擦家具，干净卫生，自然滋润。淘米水也可以用来浇花、洗头，还可以用来做免费的护肤品。

当初这样做的目的是为了资源的循环利用，后来发现这样的生活小举动竟然降低了我的生活成本。当然，仅仅从用面膜纸擦东西和利用淘米水还不足以说明。我是典型的“拼车族”。每个工作日的早晨我都会搭上同事小郑的车，一起上班。每个月，我为此要支付给小郑200元，搭车的还有我另外两个同事。如果我打车每次要30多元，现在拼车每次算10元，价格很合算，而且有了私人司机呢！

以前，我和先生的年收入在20多万元人民币，我们每月的花销大概在6000元左右，现在坚持低成本生活，每月的花销基本维持在4000元左右。

在降低生活成本的过程中维持生活品质，低成本生活就是这样出现的，低成本通俗来讲就是用最少的钱办最多的事，所以它并不意味着低品质。这正是我的“巧妇之道”。我有一个朋友和我大相径庭，她买物品从来不眨眼，她说喜欢就买，才不管贵不贵。无疑，她的生活是很有品位的。但大多数人还不能那样豪爽，现在物价不断上涨，生活成本越来越高，更多的人想的是如何省钱。

“低成本、中收入、高品质”是一种崭新的生活价值观，低成本生活的意义不仅仅在于省钱，还在于它带来的幸福感。

高品质的生活并不是高消费，幸福是用钱买不到的。我身边经常会有朋友抱怨自己的薪水少，买不了名牌包、名牌服装，羡慕有钱人。我能体会到她那种不快乐的心情，来自工作、生活消费的压力。只有生活进入更低、更慢、更轻的状态，才会有自由而轻盈的状态，而这正是由低成本生活的选择所带来的。

朱德庸说：“如果所有的东西都得用钱去换，那当你都用钱去换的时候，你用什么去换钱？”若用理想、原则、闲暇、自我、爱好、自由、家庭去换，你换回来的钱也买不到生活品质和幸福。

真正有品质的生活反而是不太花钱的，看你对品质如何定义。高欲望与低成本难以协调，但高品质与低成本并不矛盾。像朱德庸的高品质生活有三件事：散步、音乐、绘画。而这，不仅不花钱，反而给他带来价值，散步让他享受闲暇，音乐让他修复人性，绘画让他取得成功。

低成本的生活并不需要一个人花费太多钱，就可以享受到积极的、向上的生活乐趣。

蜡烛人生观

家里的白炽灯很刺眼，有时候我会心血来潮，点一支小小的蜡烛在房间里。看着面前的蜡烛燃烧得很起劲，柔柔的黄光铺在我的笔下，墙壁上还有身体的剪影，内心十分的安静。每到这个时候，我难免会想起小时候，由于供电不足，每晚七八点钟的时候经常停电，整个村庄都陷入黑暗。家里的蜡烛是每家每户必备的，因此我就习惯了蜡烛点亮夜晚的时刻。

小时候很怕黑，却从不懂得自己到底有多希望光明。前不久，我看了一个创意视频，简单却意义深刻。

夜空下的荒漠上，有一只很大很粗的蜡烛在燃烧，慢慢地，有三个蜡质的小人从里面爬出来，在辽阔的沙漠中，在漆黑的夜空下，他们围着闪烁的灯芯跳舞。不久，一个小人停下了舞蹈的脚步，只身奔到黑暗之中，等完全脱离光明之后，小人就再也跑不动了，停在了原地。

过了一会儿，有一个小人掰下灯芯的一支，当作火把，冲进了黑暗，随后另一个小人也跟着他跑了起来。他们越跑越远，途中还看到了那个因失去光明而停止不前的小人。跟在后面的小人似乎明白了什么，折身回来自己也拿了一个火把，然后狂奔起来。等追赶上前面的小人的时候，他手拿火把，推着自己的伙伴不断在黑暗中前行，越走越远。

在黑暗中，我们需要阳光，就像在黑暗中我们要点一支蜡烛，

让快乐成为一种能量去温暖他人。我想，这能量来自发光的自己。

才能走得更远。而那些身处黑暗的人同样需要光明，需要我们带去光明，传递温暖。

人生就如同蜡烛一样，不仅照亮自己，也照亮他人，给别人温暖和光明。萧楚女曾说："做人也要像蜡烛一样，在有限的一生中有一分热发一分光，给人以光明，给人以温暖。"他形容这样的人生观是"蜡烛人生观"。

我们身边有很多需要帮助的人。有一次去逛街，看到一个70岁左右的老奶奶跪在地上从垃圾桶里往外掏东西，不知道什么原因，她竟然趴在垃圾桶的边缘上一动不动长达五分钟。可能是太累了，也可能是晕倒了。我正在猜测的时候，她慢慢地站起来，脚步蹒跚地走了。我回过神来，跑上前去给了她100元钱。

不只是那些年迈却辛苦讨生活的人需要我们的帮助，那些身患疾病却无钱医治的人也需要我们的帮助。给他人温暖就是给他人希望。

我们每个人都需要温暖和光明，人人也都可以去传递这些温暖。我们或许不能像富豪那样捐出大笔的财富，但可以尽自己的力量帮助需要帮助的人。我们或许只有维持生活的一点点钱，但可以捐出时间，做一个光荣的志愿者，为需要帮助的人提供服务；我们或许没有能力做能引发轰动的大事，但可以做小事，从身边事做起。与捐赠大笔财富相比，邻里之间细水长流式的相互帮助，同样值得称赞。

给他人帮助，既温暖别人，又快乐自己。于丹曾说，让快乐成为一种能量去温暖他人。我想，这能量来自发光的自己。

生活中总有那么一些人对身边的人或事漠然置之，不懂得如何关心，不懂得如何给予，更不懂得如何感恩，似乎这个世界上没有什么人或事值得他们去在意和关注，因此他们永远也体会不到那种让心灵得到温暖的感动。这些人的智商或许与正常人相似，但这些人的情商却低得可怜。

生活中还有这么一些人，他们时刻揣着一颗热情的心，随时准备给予那些需要温暖和需要帮助的人以力所能及的关爱。他们知道这个世界需要爱，需要温暖，懂得帮助别人和关心别人也是一种快乐，一种美德。

在这个世界上，每个人都像是一支蜡烛，当别人的烛光熄灭的时候，我们用心去温暖他人，就会让他人重新燃起希望。把温暖给他人，他人也会温暖你。

生命在于质量而不是长短

网上有一个关于清明节的节目，老师出题：“你死后，墓志铭打算写点什么？”网友各出奇招，有一个网友写：我从前是个胖子，现在和所有躺着的人一样有骨感。另一个网友写：你在看着我，我知道。我在看着你，你不知道。还有一个网友写道：终于解决住房问题了。各种各样的答案千奇百怪。

我拉着先生和我一起看。看完之后，我问先生，要是你，你会写什么啊？他很不屑地说：“真正的墓志铭是由志和铭两部分组成，志是用来撰写逝者的姓名、籍贯、生平事略；铭则概括全篇，主要是对逝者一生的评价。”

“不要说这种官话，直接说你想写什么吧！”我打断先生的话。

先生一副茫然的样子，叹了口气说："只能写上我的姓名和生卒的年份，其他的还真是写不出来。"

我笑着说道："如果按你这种想法的话，所有的墓志铭都写上生卒年份，那大家就用生命的长度来评价人的一生了，一点意义都没有，倒不如取消墓志铭。"听完我的话，先生也笑了。

生命在于质量而不是长短，生命不等于是生活，即使能够长命百岁，但生命中充满空虚失落，只能任由光阴消逝，一天一天茫然地度过，这样的生命也是毫无意义的。

不管我们是否准备好，总有一天一切都会结束。不再有旭日东升，不再有灿烂白昼，不再有一分一秒的光阴。你收藏的一切，不论是弥足珍贵的还是毫无价值的，都将留给别人。

一个人的财富、名望和世俗的权力都将变成细枝末节的事情，不管一个人拥有的还是亏欠的，都不再重要。一个人的嫉恨、冤枉、挫败和妒忌之心终将消失。同样，一个人的希望、雄心、计划和未竟之事都将终止，曾经无比重要的成败得失也将褪色。一个人来自哪里，用什么方式生活都不重要了；一个人是貌美如花还是才华横溢也不重要了；一个人的性别、肤色、种族都无关紧要了。

那什么才是生命的质量呢？美国加州大学的一位教授提出了新观念："生得好，活得长，病得晚，死得快。""生得好"，不但是指五官端正，更重要的是没有疾病，尤其是没有遗传疾病。"活得长"，就是希望每个人都能长命百岁。"病得晚"，给我们的启发是，即使你能活到 88 岁，可你在 20 岁就开始生病，病魔折磨你六十多年，这一辈子还有什么幸福可言？所以，我们要保持健康的体魄，要让疾病晚点来。"死得快"，就是身患疾病的时间短，如果一个人 87 岁得病，88 岁去世，这样既减少病人的痛苦，又减轻家庭和社会的负担。

生命要讲求质量，首先是要有一个健康的身体。对于疾病缠身的人来说，可能不会有一个好的心态去体验生命。珍爱生命，重视生命的质量，不是活着而是好好地活着，健康地活着。好的身体是生命质量的一部分，真正有意义的生命来自于一个人的追求。

生命在于追求，活着的时间里就是要有所追逐，有所希冀。即使生活布满寒风冷雨，也无法冷却满腔的热情，更难熄灭内心的灯火。因为拥有生命的追求，太阳依旧会升起，就可用丝缕阳光编织生命的华服。

年纪尚轻的时候，我对生命的追求就是为梦想而奋斗，豪情万丈，只为实现自己成为优秀作家的梦想。在那段生命里，认真、热情，每天都十分的充实，虽然没有成功，但也无怨无悔。在最应该追逐梦想的年纪，如果浑浑噩噩、无所事事地虚度光阴，就正如一句话所说的：有的人看上去还活着，其实已经死了。

随着年岁的增长，自己已经不再有当年的豪情万丈，明白不是每个人都可以成为伟人，但我依然有着追求，追求幸福、快乐的生活。做一个好好生活、善待生命的人，让自己每天都精神充实，生活得有滋有味。在我看来，这样的人生就已经很有价值了。因为自己没有荒废光阴，更没有虚度年华，而是使有限的生命放射出夺目的光芒。

生命的质量不在于一个人做什么工作，不在于一个人的官职高低，不在于一个人有没有钱，而是在于在有限的生命里，是否有所追求，是否优雅、痛快地活过。

不必为失去的感到悔恨

先生在事业刚起步时，考虑不周，经营上出现问题，向亲戚借了很多钱，还是没能救活公司。这件事给先生很大打击，因为当初投入了很多资金，现在不仅全赔光了，还负债累累。在家中，我尽量不提这件事情。但是，他还是很苦恼。

一天晚上，我被客厅里突然传来的声音吵醒，还听到先生的抱怨声。看到地上的碎玻璃杯和站在那里的先生，我就明白了一切。我对着先生大声地说："再倒一杯水不就好了，干嘛傻站在那里。"听到我的话，先生迟疑了一下，然后照做了。

第二天，一个在商场拼搏多年而今功成名就的朋友来看望先生，深有感触地说："很多人都羡慕我今日的辉煌，殊不知我在创业的道路上曾遇到了若干坎坷。我曾为生意场上的不如意而伤感，为自己做错的事而后悔，现在想来，当初那样沮丧真是没有必要，过去的事已经过去，后悔、埋怨、消沉都于事无补，何必为打翻的牛奶哭泣呢？"

生活就是这样。有花红柳绿、莺歌燕舞，也有细雨飘洒、白雪纷飞，甚至还有狂风暴雨、电闪雷鸣。风平浪静与惊涛骇浪永远并存于生活之海。人生在世，不如意十之八九，我们无法改变的事，请忘掉它；有机会去补救的事，请抓住最好的机会。

"牛奶瓶"已经打翻了，再怎么哭泣也无济于事。哭得再多，哭得再惨，牛奶也不会重新回到瓶子来。是看着被打翻的牛奶哭

△ 看到地上的碎玻璃杯和站在那里的先生，我就明白了一切。我对着先生大声地说："再倒一杯水不就好了，干嘛傻站在那里。"

泣，还是去做点别的？一个人唯一能做的，就是吸取教训，然后忘掉这些不愉快。

无论多大的痛苦，最终都会演化为一场回忆。就如同那些被我们挂在嘴上的成功者一样，多年之后，只会模糊成一个数字，或者一段影像。面对失败，一个人应该学会忘记痛苦，只有忘记，才能继续前进。

一花凋零荒废不了整个春天，一次挫折也荒废不了整个人生。没有永远不幸的人生。对于人生中的遗憾和失去，我们最好在最短的时间内接受事实，而不是一直纠缠在里面。其实，遗憾可以被放大如巍巍泰山，也能被缩小成一片鸿毛。别让遗憾耽误了整个人生的行程，因为生活还要继续。

第二次世界大战时期，波兰有一个小镇上的人们相互传诵这样一句话："战争在继续，生活也要继续。"在战争面前，人们用这句话相互支持，相互宽慰。这么一句简单的话，让每一个听到的人感到温暖，让每一个人对生活又重新燃起信心。

这句看似普通的话，却让我们明白一个道理，不管遇到什么，不管是战争还是灾难，我们都要让生活继续。让我们眺望远方，走向阳光。

生活每天都在给你选择的机会，每天都在给你改变自己人生的机会。你可以选择赖在原地撒泼打滚，也可以选择咬牙站起来。你最终会成为什么样的人，就取决于你跌倒后是否站得起来。

很多事自古至今难两全

在我身边，有一大群年轻妈妈为出去工作还是在家带孩子而纠结。她们怀孕后就开始疏于工作，有的甚至因为怀孕而辞掉工作。本想生完孩子再换份合适的工作，可是有了孩子总希望能陪在身边看着他一天一天长大，能亲自照顾他，给他更多的爱……找工作的时候，也遇到一些问题，不能离家太远，不能经常加班，要能随时请假……本来工作就很难找，再加之这些条件，找工作更是希望渺茫了。

孩子生下来之后，问题就摆在了面前。是该把孩子完全交给父母照顾，全心全意投身到工作中去，还是放弃工作，把所有的精力都放在照顾年幼的孩子身上？

如果放弃工作，可能很快就会被家庭琐碎事给封闭起来，与社会脱节，成为一个实实在在的家庭主妇，有可能超速步入“黄脸婆”队伍中去。

如果继续工作，把孩子交给家中的老人，可是老人带孩子的方式与现在的年轻人不同，隔代教育本身就存在很多的问题。

工作和照顾孩子两难全，考虑再三，很多女人还是觉得过不了孩子这一关，选择留在家中带孩子，可是心里又惦记着工作。人的时间和精力是有限的，如果你选择了把时间和精力投入到这件事上，那在其他事情上必定投入要少。因此关键是你怎么样去做选择，如何去平衡。

人的一生就是在这样的选择中度过的：生孩子，选择顺产还是剖腹产；哺育孩子，选择母乳还是奶粉；小学毕业，选择就近还是名校；入学分班，选择文科还是理科；高考临近，选择本市还是外地；大学毕业，选择考研还是就业；爱情婚恋，选择买房还是租房；结婚以后，选择生育还是“丁克”；年迈养老，选择“居家”还是“机构”；百年以后，选择入土还是海葬，等等。细分起来，要选择的，远不止这些。选择是人生最重要的技能之一，因为选择往往会影响人的生活轨迹。

比如说，你选择了积极上进，就会不断地努力，不断地提高自己，所达到的境界也会随之水涨船高。你选择了不求进取，就不必付出辛劳，你的日子就会过得相当轻松，当然是以在原地踏步为代价。你的脾气很不好，你可以选择放纵自己，也可以选择约束自己。两种选择必然带来两种结果，导致两种命运。假如你选择放纵自己，你的脾气就会越来越坏，你的命运也会随之越来越糟。假如你选择约束自己，你发脾气的次数就会逐渐减少，慢慢地，你就会习惯于少发脾气或不发脾气，你的命运也会随之云开日出。

不管我们面对的路有几条，总有一条是属于我们的，是我们要走下去的。既然是无可避免的，那我们就要坦然地面对。或许，这也可以叫作现实，叫作生活。

当我们站到十字路口时，千万不要迷茫，不要失去自我。而我们要做的是冷静、沉着，以及多方位的思考。考虑它的前面和后面；考虑它好的一面和坏的一面；考虑它带给自己多少和影响别人多少；考虑这个决定的成功与失败。这些都是我们要做的，而且不能顾此失彼。我们考虑得越全面，在日后对我们造成的负面影响越小。

每一次选择都会带来截然不同的另一种生活，一个人的选择可能是对的，也可能是错的。选择的对与不对，结果好与不好，我们在选择的时候无法知晓。这就是人生的神秘。但是，无论结果怎样，在最初选择的时候，我们都要理性地遵从自己内心的声音。

人生桌上的那几道菜

生活有一道程序永远都不会变，就是每天都要吃饭。都说“民以食为天”，只要活着就要吃饭，有谁想过这个世界上总共有多少菜品，我们吃过的又有多少道呢？有谁想过我们的人生就像是一桌菜，酸甜苦辣尽在其中？

我喜欢做菜，有时候我发现，我们的人生其实就像桌上的一道道菜，每道菜都有各自的味道，各自的营养。

小的时候，我们喜欢吃甜食。那时候的心情也是如此，快乐对于我们来说很简单，一颗糖果，一件玩具，就可以让我们开怀大笑。童年就像拔丝苹果，其味香甜可口，也回味无穷，但可惜能够留住的回味不多，当我们想细细品味时，已经没有了。

成年之后，我们很少吃甜食，因为我们感受更多的是苦、辣和酸，是那些让我们难以忘怀的人生体验和经历。

我们渴望名利，渴望轰轰烈烈地度过年轻的时光。金钱、名利、机遇就像是红烧肉，其味异香扑鼻，吃起来感觉肥而不腻。吃上去很过瘾，满嘴流油，但不宜吃多，适量即可，否则对身体不好。

因此，并不是所有人的最爱。

我们有所追求，追求之于我们就像是一盘麻婆豆腐，其味松软可口。这道菜要趁热吃才有味道，不过“心急吃不了热豆腐”，否则不是辣到喉咙，就是被烫伤嘴，所以还得掌握吃的功夫才行。

我们品尝了太多的痛苦和艰辛。失恋的痛苦、失败的痛苦、希望破灭的痛苦、奋斗的艰辛，等等。就像是饮了一杯辛辣的烈酒，让人头晕目眩，即使睡上一觉，醒来依然隐隐地感到头痛。

我们要和社会上各种各样的人打交道，其味有酸有甜，就像是一盘糖醋鲤鱼。这道菜制作的好，吃起来味道特别好，但不能忘乎所以，以免刺哽在喉，后悔莫及。

经历越多，我们就变得越加成熟和稳重，收获更多的宝贵经验。经验就像是油炸春卷，其味香脆可口。做春卷需要技巧，当你没有把握可以完全靠自己做好时，最好去买别人包好的现成的春卷，回去再自己放油锅里炸好。做人千万不能死要面子，要善于取人之长，避己之短。

无论这些配菜给了我们怎样的味觉感受，我们都不能没有主食。主食的味道不如菜肴，但却提供我们最需要的能量。做人就要珍惜身边的亲人，就要珍惜身边的朋友，要永远抱着感恩的心，记住并努力回报那些在我们困难时候帮助过我们的人。我对自己的忠告是：要永远小心背叛朋友的人，要永远小心忘恩负义的人。

发现了吗？人生其实就像是一个“经典的菜谱”，每一道菜都有一种人生感悟在其中。吃饭不仅要吃饱还要吃好，吃得营养。有一道菜，凉拌苦瓜，苦起来就像是奋斗的艰辛，却给了我们强健的体魄。随着年岁的增长，我们的口味在不断地变化，因为对人生的认识也在改变。

品菜就像是品味人生，重要的是感受和过程。

品人生就像品茶

冬天的午后，一切安静下来的时候，我放上一首轻音乐，煮水、温杯、取茶……今天喝的是岩茶中的极品“大红袍”。一壶清茶，沏在透明的玻璃器皿里，茶叶慢慢散开，心里面的情绪也开始缓缓舒展开来。

茶有百味，人生亦有百味，品茶就像品味人生，个中的滋味只有自己才能细细体味得到，别人如何能知晓？自己的人生，不管是苦是甜，最后也只能自己咽下。如果不喜欢要吐出来，作为品茶，那是不雅；如果是人生，已经是不可重来。所以，当一个人真正的认识了茶，学会了品茶，那么也就学会了如何面对人生。

我曾经和朋友一起去过茶场，满山遍野都是茶树。清晨，太阳还没升起的时候，我们就背着茶篓跟随着采茶人进了茶园采茶。采茶最好是在露水未干的时候，这时候采的茶叶品质最好。我们用手小心地将树梢上最嫩的一芽两叶掐下来，放进身后的茶篓里。嫩绿的茶叶带着晶莹的露水，像一朵朵精致的玉雕工艺品，散发出淡淡的清香。太阳出来了，我们的茶篓也满了，兴致勃勃地送到茶厂去，看着茶厂工人炒茶。原本嫩绿的叶子经过茶厂工人的多道工序历练，最终得道成茶，成了人们杯中可口的养生饮品。

茶有高中低档，有形形色色的品种和各种各样的品质。茶经历了高温的洗礼，懂得了收敛锋芒，坦然面对人世间的沧桑变故，在貌似平凡质朴的外表下，骨子里守护着一片痴心。

茶叶从放入茶杯开始，正如人刚刚踏入社会。茶叶等待的是开水高温的考验，人等待的是前面的荆棘丛生。水冲入后，干茶经历的是又一次重生；人踏上征程后经历的是身心的不断成长。茶经历了时间，变得舒展而馨香；人经历了时间，变得坦然而开阔，自我价值不断得以实现。

在年少的时候，我品的是玫瑰花茶，清香、开心、无忧无虑。从小学到大学，一直遨游在知识的海洋中，努力探索自己未知的世界。身边有父母、老师和朋友的相伴，生活中处处都是快乐，从来不知道何为痛苦，何为艰辛。

走进社会，我品的是铁观音，有清醇，也有苦涩。为了梦想奋斗的时候，豪情万丈，意气风发，就像喝着一壶刚刚沏好的新茶，顺心顺气；一时失利，便灰心丧气，就像喝着冲泡了百遍的茶水，无滋无味。然而，当我们重拾信心，跌倒后站起来的时候，就像重沏了一壶好茶，又能品味更多的快乐，活得更加精彩。

步入中年，经历了各种风风雨雨，我们变得沉稳、老练了。这时就像品着普洱茶，温润、醇香、绵长，年代越久，价值越高。我们不再为一时的成功欢欣鼓舞，也不再为失败和挫折而灰心丧气，一切都是顺理成章。

林语堂先生评道：茶须静品，而酒则须热闹。品茶不像喝酒。喝酒可以自斟自饮，或是自娱自乐，或是借酒浇愁。品茶最好是三五知己围炉团坐，小火炉上是“咕嘟咕嘟”冒着热气的水壶，滚烫的开水冲入装满茶叶的紫砂茶壶，轻轻斟入小巧的杯子，茶香四溢。品着香茶，心门自开，多少人生感慨油然而来。谈古论今，谈天说地，一起分享快乐，一起化解忧愁。

人生就像品茶，有一帮知心朋友同行同品，人生的路会走得更踏实。